油用牡丹生产技术

李嘉珏　主编

中原农民出版社

·郑州·

图书在版编目（CIP）数据

油用牡丹生产技术 / 李嘉珏主编 . —郑州：中原农民出版社，2023.8
　ISBN 978 - 7 - 5542 - 2317 - 8

Ⅰ.①油… Ⅱ.①李… Ⅲ.①牡丹-油料作物-栽培技术　Ⅳ.①S685.11

中国版本图书馆 CIP 数据核字（2020）第 147512 号

油用牡丹生产技术
YOUYONG MUDAN SHENGCHAN JISHU

出 版 人：刘宏伟
策划编辑：段敬杰
责任编辑：侯智颖
责任校对：王艳红
责任印制：孙　瑞
美术编辑：杨　柳
特邀设计：最美印务

出版发行　中原农民出版社
　　　　　地址：郑州市郑东新区祥盛街 27 号　　邮政编码：450016
　　　　　电话：0371 - 65788651（编辑部）　　0371 - 65788199（营销部）
经　　销　全国新华书店
印　　刷　辉县市伟业印务有限公司
开　　本　787mm×1092mm　　1/16
印　　张　7.5
字　　数　122 千字
版　　次　2023 年 8 月第 1 版
印　　次　2023 年 8 月第 1 次印刷
定　　价　24.00 元

如发现印装质量问题，影响阅读，请与印刷公司联系调换。

编　委　会

主　编　李嘉珏

副主编　汪成忠　贾锦山　詹建国
　　　　康仲英

编　委　刘　炤　李仰东　申　强
　　　　刘　华　蒋立昶

目
录
Contents

第一章
绪　论

所谓油用牡丹，是指芍药科芍药属牡丹组植物中结实率高、种子含油率高、品质好，适宜用作油料作物栽培的品种。2011年3月，中华人民共和国卫生部第9号公告批准了两种牡丹的种子油为新资源食品，一种是凤丹牡丹，另一种是紫斑牡丹。凤丹牡丹实际上是杨山牡丹的栽培类型。

从产业发展的角度说，油用牡丹是相对于观赏牡丹、药用牡丹而提出来的一个新概念，也是牡丹综合利用领域的一个重大突破。观赏牡丹、药用牡丹再加上油用牡丹，从种植业到加工业，再加上牡丹文化业、牡丹观光业和相应的商业、服务业活动，就构成了一个相对完整的牡丹产业体系，从而表现出巨大的发展潜力。

油用牡丹作为一类油料作物，它的栽培与生产只有按照作物栽培的要求来进行，才能获得最好的经济效益，同时产生应有的社会效益和生态效益。

第一节　油用牡丹栽培应用简史

牡丹作为油料作物栽培利用，在我国历史并不长。不过，先民们对包括杨山牡丹和紫斑牡丹在内的各种牡丹的认识和了解，却有着较为悠久的历史。

一、凤丹牡丹（杨山牡丹）的发现和利用

杨山牡丹作为一个物种早已存在于自然界，科学家正式认定它为一个种却比较晚。1992年，洪涛、张家勋、李嘉珏等在《植物研究》刊登《中国野生牡丹研究（一）芍药属牡丹组新分类群》一文中，将杨山牡丹作为一个新种正式发表，并得到学术界的认可。

实际上，在正式发表新种之前，杨山牡丹早已在生产上得到广泛应用，这

个栽培品种就叫'凤丹'或'凤丹白',主要作药用栽培,或在繁殖观赏牡丹时大量用作砧木,也有少量用作观赏。本书所指凤丹牡丹是野生杨山牡丹栽培类型的统称。

唐宋以来的药物学著作中,开始有牡丹具体分布地点的记载。如唐代《四声本草》记载:"今出合州者佳。白者补,赤者利。出和州、宣州者并良。"该书所记药用牡丹产地中,除合州外,和州、宣州均在今安徽境内。而今安徽铜陵市凤凰山、南陵县丫山等凤丹牡丹产区,唐时均为宣州辖区。此后,宋代苏颂《本草图经》记载:"牡丹,生巴郡山谷及汉中。今丹、延、青、越、滁、和州山中皆有之。""滁""和"即今安徽中部的滁县、和县一带,有野生牡丹分布。现在,安徽巢湖银屏山悬崖上有一丛古老的牡丹,经分类学家确认为杨山牡丹。据说该牡丹植株在宋代即已出现,当时著名文学家曾有诗篇记下这件事。由此可以推断,早在宋代,这一带分布的野生牡丹可能就是杨山牡丹。

根据分子学分析,安徽铜陵一带应是杨山牡丹原产地之一(彭丽平,2017),更是其栽培类型——凤丹牡丹的一个重要发祥地,这里的牡丹有着悠久的历史。据清乾隆年间《铜陵县志》记载,东晋著名医药学家葛洪在顺安长山种杏炼丹时,曾在这里种过牡丹。当地有"白牡丹一株,高尺余,花开二三枝,素艳绝丽,相传为葛稚川(即葛洪)所植",人称"仙牡丹"。这是有关我国开始人工种植牡丹的最早历史记录之一,迄今已有1 600余年。但由于该资料仅见于清代方志,所记又属于"口碑相传",因而难成定论(潘法连,2005)。

安徽铜陵引进凤丹牡丹专作药用栽培在明永乐(1403—1424)年间。根据当地药农世传的说法,浙江湖州在此前即已有药用牡丹栽培。铜陵凤凰山所栽品种是明代前期经繁昌药农之手由湖州引进的。由于这里水土及气候适宜,所产牡丹根皮(丹皮)具有肉厚、粉足、木心细、亮星多,以及久储不变色、久煎不发烂等特点,很快就以品质绝佳而闻名,被人们特称为"凤丹",这就是现在广泛栽培的凤丹品种名称的由来。当时,在凤凰山核心种植区以外的丹皮,就被称为"连丹",以与"凤丹"相区别。比起凤丹来,连丹的价格低得多。明崇祯(1628—1644)年间,该地丹皮生产已有相当规模。至清代,铜陵凤凰山(也称中山)、三条冲(也称东山)和南陵县的丫山(也称西山),即所谓的"三山"地区,已发展成为全国著名的丹皮产区。

中华人民共和国成立后,政府重视中药材生产。1953年丹皮被列为国家统一收购物资，并确定由当地土杂公司和医药公司负责收购经销，各地丹皮生产很快得到恢复。1968年，山东菏泽从安徽铜陵引进凤丹牡丹并进行药用栽培。药用牡丹的发展有力地保护了菏泽的观赏牡丹资源。

1970年，药材部门曾以凤丹牡丹作为主要药用植物品种在全国范围大规模推广。推广地区主要是黄河、长江中下游各药材种植场。此后，由于丹皮供大于求，效益下滑，部分药材场改种其他作物。凤丹牡丹则在当地成为半野生状态，有些地方就成了"牡丹山"。

从20世纪50年代后期至70年代，在山东菏泽的观赏牡丹育种中，凤丹牡丹曾有较为广泛的应用。菏泽百花园的花农以凤丹牡丹为母本、当地的中原品种为父本（混合花粉）进行杂交，培养出'如花似玉''亭亭玉立'等一批著名观赏品种。这些品种多为半重瓣，花头直立，丰满圆润，并且丰花。

20世纪90年代后期以来，河南洛阳以凤丹牡丹作为砧木，从生长势及花期较为相近的中原牡丹品种或日本牡丹品种植株上采取接穗进行嫁接，培养'什样锦'牡丹，取得很好的观赏效果。

基于对凤丹品种适应性及观赏性的重新认识和评价，洛阳国家牡丹园与北京林业大学国家花卉工程中心合作，开展了以凤丹牡丹为主要亲本（母本），中原、西北等各地优良品种为父本的新一轮杂交育种，包括油用品种在内的一些优良品种正在进一步选育之中。

二、紫斑牡丹的发现和利用

紫斑牡丹野生分布范围很广，但以甘肃、陕西两省为主，另在四川西北部、河南西部、湖北西北部也有分布。甘肃是紫斑牡丹野生种分布的最西端。1972年，在甘肃武威祁连山北麓旱滩坡出土的汉代医简，有用牡丹治疗血瘀病的处方。鉴于甘肃中部马衔山及其以南的广大地区都有紫斑牡丹野生分布，因而可以推断，药用牡丹在甘肃指的就是紫斑牡丹，不过当时只是笼统地称为"牡丹"。虽然根皮可以入药，但紫斑牡丹栽培主要用作观赏，深受西北各族群众的喜爱。甘肃中部紫斑牡丹栽培的兴起主要是在明清时期，这与近年来应用分子标记研究栽培牡丹起源，并推测其起源时期后所得结论基本符合（袁军辉，2014）。1989年，李嘉珏根据多年的研究成果，出版了《临夏牡丹》一书，正式确认甘肃及邻近地区分布的牡丹品种属于紫斑牡丹品种群，是国内仅次于中原一带栽培牡丹的第二大品种群，使极具特色的紫斑牡丹及其栽培品种引起世人的关注。

1994年春，甘肃省花卉协会召开了紫斑牡丹学术研讨会。1996年春，中国花卉协会牡丹芍药分会在甘肃兰州召开年会与全国牡丹产业发展研讨会。随后，国内外掀起了紫斑牡丹引种热潮，促进了紫斑牡丹在中国北部地区，特别是东北地区的发展，也为以后油用紫斑牡丹的发展奠定了坚实基础。

三、牡丹油用价值的发现与油用牡丹的推广

1968年前后，山东菏泽市药材公司在引种和推广凤丹牡丹药材种植时，也注意到了凤丹牡丹种子的丰产性。1976年时曾有816千克/亩（1亩≈667米²）的测产记录（蒋立昶，2017）。

1996年，时任山东曹州花木总公司总工程师的赵孝庆开始涉足牡丹次生代谢产物研究领域。1997年亲自试吃牡丹籽和牡丹籽油，发现并证明其对人体无毒性。2001年委托中国林业科学研究院测试中心对产自北京的新鲜凤丹牡丹和紫斑牡丹种子进行脂肪含量测试，结果为凤丹鲜籽含水量31.54%，脂肪酸含量17.21%；紫斑牡丹鲜籽含水量27.2%，脂肪酸含量20.25%。2004年又继续测试凤丹各种营养成分和毒性分析。结果认为其含油率约为22%，不饱和脂肪酸中，亚麻酸约占42%，亚油酸占26.32%，油酸占25%，是品质优良的食用油。2005—2007年，在清华大学机械研究院协助下，完成了牡丹籽油设备工艺研究。此后又完成了牡丹种子剥壳机研制，均为国家专利。2008年安装牡丹籽油生产线，生产出世界上第一批牡丹籽油，经送中国粮油监督检验中心进行产品检验，达到国家一级食用油标准。2009年，在山东农业大学公共卫生学院做了动物急毒性试验及长期喂养试验，证明牡丹籽油食用的安全性。同时又安排了人体临床试验，结果表明，牡丹籽油降油脂、降胆固醇、降血压效果明显。同期，在菏泽市卫生局监督下，菏泽瑞璞牡丹产业科技有限公司派送5吨牡丹籽油（当时价值2 898万元）进行了大量人群体验研究。上述所有研究结束后资料汇总，2009年向中华人民共和国卫生部提出牡丹籽油新资源食品行政卫生生产许可申请。2011年3月22日，卫生部复函瑞璞公司，批准该公司申报的凤丹牡丹和紫斑牡丹籽油为新资源食品，并发布国家公告。从此，牡丹油用有了合法的"身份证"。从2011年下半年起，在中国大地上掀起了油用牡丹发展热潮。中国牡丹

发展开始步入观赏、药用、油用及综合开发利用并行的时代，从而成为中国牡丹发展史上一个重要的里程碑。

2000 年前后，甘肃兰州牡丹专家陈德忠等注意到紫斑牡丹的营养价值。2001—2002 年委托兰州大学化学系、甘肃草原生态研究所对紫斑牡丹花粉及种子的生化成分进行分析，发现紫斑牡丹花粉及种子营养成分都非常丰富，其种子含粗蛋白质 17.5％、粗脂肪 33.27％和维生素 C 16.92 毫克/100 克，18 种氨基酸总含量占固形物的 16.99％，含有 20 种无机元素，其中多数为人体所必需。紫斑牡丹结实率高，籽实饱满，籽仁约占种子重量的 2/3，籽仁主要成分是脂肪酸，而这些脂肪酸中 45％为亚麻酸，因而从紫斑牡丹籽中提取的油是一种高级保健食用油，从而给牡丹油用的开发展示了前景。此外，陈德忠还注意到了紫斑牡丹油用品种的选育，在 2003 年出版的《中国紫斑牡丹》（金盾出版社）一书中，陈德忠推荐了'冰山雪莲''紫蝶迎风''蓝荷''日月同辉'等 35 个可作油用栽培的品种。该研究在《中国牡丹品种图志（西北·西南·江南卷）》（李嘉珏主编，中国林业出版社，2005）中做了初步总结。综合当时研究成果，李嘉珏等提出牡丹产业发展要不断开拓新的应用领域，采取综合开发的思路。

2011 年 10 月，洛阳祥和牡丹科技有限公司向国家卫生和计划生育委员会申报丹凤牡丹（指定为凤丹牡丹）为新资源食品原料，经审查后于 2013 年 12 月得到批复，并发布了国家公告。从而为油用牡丹的综合开发进一步奠定了基础。油用牡丹作为一种极具开发利用价值的新型木本油料作物，引起了国家林业局的关注，对牡丹产业的发展表示认可和支持。

2012—2014 年，山东、河南、陕西、甘肃、山西等省先后制定了省级油用牡丹发展规划。一些大专院校和科研院所相继开展了油用牡丹良种选育及丰产性试验研究工作。2014 年 12 月国家林业局在西北农林科技大学挂牌成立了"油用牡丹工程技术研究中心"。2014 年国务院办公厅下发了《关于加快木本油料产业发展的意见》，将油用牡丹列为三大重点开发的木本油料作物之一。

2017 年年底，全国油用牡丹发展面积近 1 000 万亩（李育材，2019）。

第二节　油用牡丹的经济价值及其开发前景

一、油用牡丹的经济价值

油用牡丹以种子生产为主，其种子不仅含油率高，而且油的品质优良，具有较高的经济价值。

1. **牡丹种子属于高含油率的种子**　综合各地分析资料，以杨山牡丹（凤丹）、紫斑牡丹为代表的油用牡丹种子，其含油率在 24.12%～37.82%（表 1-1），其中，凤丹牡丹多为 24%，而紫斑牡丹含油率多在 26% 以上，牡丹种子属于高含油率的种子。

表 1-1　主要油料作物种子含油率比较（%）

种类	牡丹	大豆	花生	葵花子	橄榄
含油率	24.12～37.82	17.0	36.0	40.0	19.6

2. **高不饱和脂脂肪酸和高 α-亚麻酸含量是牡丹籽油的显著特征**　牡丹籽油目前已鉴定出 32 种以上组分（戚军超等，2009），但主要成分为油酸、亚油酸、α-亚麻酸、棕榈酸和硬脂酸 5 种（表 1-2），其前 3 种为不饱和脂肪酸，总含量可达 92%，而其中 α-亚麻酸占 43%。在常见食用植物油中，高不饱和脂肪酸和脂肪酸、高 α-亚麻酸含量是牡丹籽油的显著特征。

表 1-2　牡丹籽油与其他食用植物油脂肪酸含量比较（%）

食用油种类		花生油	橄榄油	菜籽油	大豆油	牡丹籽油
不饱和脂肪酸	α-亚麻酸	0.4	0.7	8.4	6.7	43.18
	油酸	39.0	83.0	16.3	23.6	21.93
	亚油酸	37.9	7.0	56.2	51.7	27.15
	合计	77.3	86.3	80.9	82.0	92.26
饱和脂肪酸		17.7	14.0	12.6	15.2	7.2

3. **牡丹籽油中的 ω-6/ω-3 比值在食用植物油中最低**　在牡丹籽油的不饱和脂肪酸中，α-亚麻酸和亚油酸均为人体必需脂肪酸，对人体健康具有重要作用。其中，尤以 α-亚麻酸的作用更为突出，被称为"血液营养素""植物脑黄金"。

亚油酸是 $\omega-6$ 多不饱和脂肪酸（PUFA）的母体，而 α-亚麻酸则是 $\omega-3$ 多不饱和脂肪酸（PUFA）的母体。α-亚麻酸和亚油酸在人体代谢中竞争同一种酶，二者是竞争抑制关系。因而保持它们之间的平衡，是维系人体健康的基础。

根据联合国粮食及农业组织（FAO，简称联合国粮农组织）和世界卫生组织（WHO）有关健康食用油的标准，要求 $\omega-6/\omega-3$ 比值小于 5。在一些常见植物食用油中，只有牡丹籽油、菜籽油和豆油能达到这个标准。其中牡丹籽油的 $\omega-6/\omega-3<1$，是最低的。其他如橄榄油为 16.7，而花生油（581.6）、葵花子油（670）都很高（于水燕等，2016）。

综上所述，牡丹籽油是迄今为止所发现的最适合人体营养的食用植物油脂，是总营养价值最高、成分结构最合理的食用油，多项指标均高于其他食用油，并且又不易氧化沉积在人体血管壁、心脏冠状动脉等部位。因而牡丹籽油成为人们理想的食用油，其营养和保健价值是其他食用油无法比拟的。除油用价值外，油用牡丹还具有多方面的开发前景，是一种优良的经济作物。

二、牡丹籽油的开发前景

2017 年，我国进口棕榈油、橄榄油、豆油、菜籽油 729 万吨，还有大量食用油籽，总额达到 500 多亿美元，食用油对外依存度达到 68.9%，大大超过了战略安全预警线！食用植物油生产形势严峻。

相对于大豆、花生、油菜等草本油料植物，木本食用油料植物具有生态功能强，一般不占用耕地，管理简便且油质优良，投资少、收益期长等优点。无论从满足人们日益增长的食用油要求，还是从农业发展的战略角度考虑，实行草本、木本油料植物生产并举，大力开发木本食用油料植物都具有十分重要的战略意义。

从 20 世纪下半叶以来，木本食用油料植物的开发已受到世界各国的广泛关注，其产量已占到食用植物油总产量的 1/3 左右。而目前，我国木本食用油料所占全国食用油料比例不到 10%。经过多年努力，终于找到了一种适应范围广、易于种植且产量高、品质好，适于大面积推广的木本食用油料植物——油用牡丹，从而为实现木本食用油料的大发展创造了条件。

第三节 油用牡丹的产业发展及对策

一、油用牡丹产业可以做成一个大产业

牡丹全身都有开发利用价值，在实施综合开发，按循环经济要求实行全面发展的战略思想指导下，油用牡丹完全可以做成一个大产业。

第一，油用牡丹的发展应与观赏牡丹的发展结合起来。许多油用牡丹基地本身就可以建设成一个大花园，与旅游业发展紧密结合。

第二，随着油用牡丹产业链的延伸，可以将种植业、养殖业与加工业有机结合起来。种植业、加工业为养殖业提供高级饲料。养殖业不仅提供畜禽产品，直接满足人们对肉、蛋、奶等产品的需求，推动食品工业的发展，而且畜禽粪便可以生产沼气，发展生物能源，同时为种植业提供优质有机肥料，实现良性循环。

第三，油用牡丹加工业的发展，产业链将不断延伸，从而推动制药、保健品、食品、化妆品等产业的发展。牡丹籽油及其附属产品，既可直接销售，又可加工成系列产品，从而带动加工、运输、营销等相关企业及个体经济的发展，不仅有利于利用农村剩余劳动力，而且通过加工增值，增加群众收入，提高人民生活水平。

二、油用牡丹产业发展面临的问题与对策

从 2011 年下半年以来，我国油用牡丹产业发展形势很好，但也存在一些值得关注的问题。归纳起来，有以下几点：

一是要提高认识。对发展油用牡丹战略意义的认识，对牡丹籽油在提高人民健康水平中的重要作用及相关知识，要下大力气普及。

二是加强扶持。各个层面，特别国家层面的发展政策及资金扶持，非常重要。

三是科技支撑。集中力量解决良种培育等关键问题，加大科技支撑力度，才能提高产业化发展水平。

四是科学规划和典型示范。油用牡丹是经济生态型灌木树种，虽然适应性较强，但仍有其适生条件和范围，需要根据不同生态环境、立地条件、社会经济条件以及当地工程造林项目，兼顾城乡发展等特点，选择油用牡丹适宜种植

区，全面规划，合理布局。编制符合实际、切实可行的规划，并且要抓好典型示范，带动产业科学有序、稳步发展。

五是制定标准与创建品牌。各类主打产品和品种，特别是牡丹籽油，需要有国家标准，并以此为基础，通过龙头企业创建国内外知名品牌。

六是市场开拓。产业发展中，产品的市场营销至关重要。只有通过市场吸引资金，推动生产，形成"投入→产出→再投入"的良性经济循环，整个产业发展才有活力和后劲。

我国牡丹栽培历史悠久，但基础研究相对薄弱。特别是油用牡丹兴起时间短，而发展很快，在这种情况下，科技支撑尤显不足。当前迫切需要优良的适应不同生态条件的油料良种，以及适应不同生态环境条件的栽培技术（体系），也需要相对成熟的牡丹种子采收、干燥、仓储与深加工技术（包括设备），以及综合利用技术，对牡丹的各种功能性成分的生物学、医学与营养学研究与评价也亟待深入开展。

第一，要解决良种问题。优良油用品种的选育需要时间，但我们可以从最简便易行的选优开始。在长期人工栽培条件下，凤丹牡丹产生了许多有益的变异。仅就丰产性而言，单株之间差异就非常显著，从选择优良单株入手，尽快形成适应各地生态环境条件的优良品系是当务之急。从规模化与机械化生产角度看，为便于采摘与提高效益，选择推广株型紧凑、便于密植、产量形成周期短、种子产量高品质优的品种应是当前及今后工作的重点方向。

第二，要总结与推广配套的栽培技术体系。按照良种良法的原则和要求，研究不同地区不同环境条件下，基因型与环境互作对牡丹种子产量与品质的影响，并总结出相应的栽培技术以便及时推广。

第三，深入研究牡丹油及各种衍生产品的加工工艺，建立规范的仓储与加工技术体系。

当前，一要注意以 α-亚麻酸为主的保健食品和药品的研究开发，要注意保持膳食中 ω-3 脂肪酸与 ω-6 脂肪酸的均衡比例。二要重视富含 α-亚麻酸油脂的应用研究和油脂加工、储存及油脂抗氧化工作。三要尽快研究与探明各种脂肪伴随物，特别是那些与 α-亚麻酸增效有关的伴随物的营养与功能。在牡丹食用油生产中，要通过不断优化预处理、油脂制取和精炼工艺条件，大力开发有益脂肪伴随物丰富而不含有害成分的健康油脂产品，为启动牡丹油品牌战略创造条件。

第四，积极开展牡丹主要的、特有的功能性成分的研究与评价，为牡丹产业链的延伸创造条件。

除此以外，重视牡丹文化的研究与应用，突出牡丹文化生态特色，注重拉长油用牡丹产业链条，实现环境友好与综合利用的可持续发展，做好文化、经济、生态三篇大文章，对构建和谐中国，建设美丽家园具有重要的现实意义。

第二章
油用牡丹的种类、品种及适生地区

第一节　油用牡丹的种类和品种

一、芍药属牡丹组的油用种质资源

（一）芍药属牡丹组的种类和品种

芍药属牡丹组有 10 余种，包括 9 个野生种和 1 个栽培种等。栽培种即以中原牡丹品种群为代表的普通牡丹。所有牡丹种均原产中国。

芍药属牡丹组又分为两个亚组。其中革质花盘亚组有 6 个种，即普通牡丹、稷山牡丹（矮牡丹）、卵叶牡丹、杨山牡丹、紫斑牡丹、四川牡丹；肉质花盘亚组有 4 个种，即大花黄牡丹、紫牡丹、黄牡丹、狭叶牡丹，后面 3 个种又被合称为滇牡丹。

芍药属牡丹组在国内已经发表或登录的品种截至 2016 年还有 1 350 个。按种类分，这些品种分别属于普通牡丹、紫斑牡丹和杨山牡丹。按栽培类群划分，这些品种分别属于中原品种群、西北品种群、西南品种群和江南品种群。这 1 350 个品种，主要是观赏类型，能结籽的单瓣、半重瓣（单瓣型、荷花型及菊花型）品种占 25%～30%。

这里需要提一下"牡丹"一词的内涵。完整的"牡丹"概念，应是芍药属牡丹组所有种类的统称，而狭义的牡丹，即指栽培种普通牡丹。

（二）牡丹油用种质资源

牡丹种子有较高含油率，牡丹所有野生种以及能结种子的品种都是油用种质资源。

芍药属牡丹组野生种及栽培品种中能结籽的品种，种子都有较高含油率，并且油脂脂肪酸组成中，不饱和脂肪酸占比较高，一般要占到85%～90%。不饱和脂肪酸的主要成分基本相同，但相对含量差异较大，如革质花盘亚组的种类，不饱和脂肪酸以α-亚麻酸为主，要占到40%以上（凤丹牡丹在42%，紫斑牡丹在45%～48%），其次为亚油酸和油酸；而肉质花盘亚组的种类，其不饱和脂肪酸以油酸为主，其次为α-亚麻酸、亚油酸，如大花黄牡丹籽油，油酸相对含量为42.54%，α-亚麻酸为25.56%。所有种类包括能结籽的野生种质栽培品种，都是油用种质资源，具有一定的开发潜力。

种质资源就是基因资源。我国牡丹资源丰富，是大自然留给我们的宝贵财富，需要大家珍惜。多年来，由于滥采，野生资源遭到严重破坏，需要各级主管部门引起重视，更需要强化群众性的资源保护意识。保护这些种质资源是当前及今后需要长期坚持的艰巨任务。

二、油用牡丹的种类和品种

目前，用作油用栽培的种类主要是凤丹牡丹和紫斑牡丹，其中凤丹牡丹是杨山牡丹的栽培类型。

（一）杨山牡丹

1. 杨山牡丹的形态特征和分布　杨山牡丹是我国于1992年发表的一个新种。杨山牡丹为落叶灌木。茎直立，灰褐色，有纵纹；一年生枝淡黄绿色，具浅纵槽。二回羽状复叶，小叶15枚，卵状披针形或窄长卵形，全缘，顶小叶稀1～3裂，侧生小叶近无柄。叶片近基部沿中脉疏被粗毛，叶背无毛。花单生枝顶，花白色，花瓣基部偶有粉色或浅紫色晕，瓣端凹陷；雄蕊多数，花丝紫红色，心皮5，柱头紫红色；花盘紫红色，花期全包心皮。聚合蓇葖果。种子黑色，有光泽。如图2-1。

杨山牡丹野生分布于陕西境内秦岭北坡与南坡，河南境内秦岭东延余脉伏牛山，并向东分布到安徽中部巢湖周围，向南经湖北西部保康、神农架分布到湖南西北部龙山、永顺一带。

图2-1　杨山牡丹的花和叶

1. 花　2. 花瓣　3. 萼片　4. 苞片

5. 花枝羽状复叶　6. 二回羽状复叶

杨山牡丹根可入药，但由于长期无节制采挖，该种几近绝迹，现在已经很难找到野生种群。安徽巢湖悬崖上一丛古老的杨山牡丹，从宋代留传至今，被人们奉若神树。

2. **杨山牡丹的栽培类型——凤丹牡丹**　凤丹牡丹是杨山牡丹的栽培类型，主要品种有'凤丹白''凤丹粉''凤丹紫''凤丹王''凤粉荷''凤丹星''凤丹绫'等。形态上与野生种差别不大，但也常常表现出一些栽培的倾向，如复叶上的小叶有9枚、11枚、13枚的变化，有些叶片变得肥大。花朵颜色变得丰富，有粉、浅红、红、粉蓝等；花瓣层次增多，或出现色斑，有其他种的种质渗入等；根系也有粗根型和细根型的分化。

多年来，凤丹牡丹主要品种'凤丹白'一直用于药用栽培。由于20世纪60

年代末至 70 年代初曾作为药用植物在全国范围推广，栽培分布范围扩大，但其中心分布区仍在黄河、长江中下游一带，向北可分布到东北南部（辽宁、沈阳以南），向南分布到湖南中南部邵阳、邵东一带，西达甘肃东部。2011 年以来转为以油用栽培为主。

凤丹牡丹的栽培群体中已有较多分化，且产量差异较大，需要进一步优选纯化，选择适宜各个气候区的优良品种。其中以株型紧凑、叶片狭长、花朵繁而结实量高的类型较为适宜。

凤丹牡丹喜光，也稍耐阴。适应性强，较耐湿热，耐旱性中，耐涝性中偏强。有一定耐寒性，但不如紫斑牡丹。

凤丹牡丹育性强，用其作亲本，与中原品种、西北品种以及日本品种杂交，亲和性均较强，是很好的育种材料。

在油用牡丹发展中，品种的彩化有利于提高油用凤丹牡丹种植园的观赏性，为油用栽培与旅游业的结合创造条件，因而值得提倡。在洛阳市国际牡丹园、中国国花园中，大片'凤丹白'与其他牡丹杂交后形成的中间类型色彩变化丰富，又易结种子，且花期较早，是牡丹花卉早期亮丽的风景。

（二）紫斑牡丹

紫斑牡丹作为一个物种的名称，既包括野生类型，也包括栽培类群或品种。因此，在表述紫斑牡丹品种群或具体品种时，需要有确切的介绍，不宜直接将紫斑牡丹表述为品种。

1. 紫斑牡丹的形态特征及其分布　紫斑牡丹为落叶灌木，茎直立，皮褐灰色，有纵纹；一年生枝淡黄绿色。二回或三回羽状复叶，小叶 19～35 片或更多，卵形至卵状披针形，基部圆钝，先端渐尖，多全缘，顶小叶不裂或有 2～3 裂，上表面无毛或主脉上有长柔毛，下表面有白色长柔毛。花单生枝顶，花瓣白色，稀淡粉色或红紫色，基部内侧具黑色或暗紫红色斑块；雄蕊多数，花丝黄白色；花盘黄色或黄白色；心皮 5，密被茸毛，柱头黄色。聚合蓇葖果，蓇葖长椭圆形。

紫斑牡丹已分化为形态上有一定差异且呈异域分布的亚种。

紫斑牡丹的两个亚种，一个是紫斑牡丹原亚种，也叫全缘叶亚种；另一个亚种叫太白山紫斑牡丹，小叶卵形或宽卵形，大多有裂或有缺刻，所以也叫裂叶亚种。两个亚种的主要区别就在于小叶片为全缘还是有缺刻（图 2-2）。

14

紫斑牡丹原亚种   太白山紫斑牡丹

图 2-2　紫斑牡丹的两个亚种

紫斑牡丹两个亚种中，太白山紫斑牡丹（裂叶亚种）分布区偏北，为秦岭北坡，陕甘边境的陇山、子午岭，甘肃境内西秦岭北坡，陕北黄土高原原林区。该亚种是紫斑牡丹主要的栽培种，紫斑牡丹原亚种（全缘叶亚种）分布区偏南，见于陕西境内的秦岭南坡，甘肃西秦岭南坡、陇南山地及相邻的四川西北部，湖北西部襄阳市保康县荆山山脉及神农架林区，河南西部秦岭东延余脉伏牛山、崤山一带（洛阳市南部的嵩县、栾川及三门峡市南部）。

2. 紫斑牡丹的栽培品种

1）在甘肃中部地区已经形成了一个特色鲜明的紫斑牡丹品种群　在甘肃中部临洮、和政、临夏、陇西及兰州榆中一带，从明清以来逐渐形成了一个紫斑牡丹品种群，传统品种有百余个，常见品种有 200～300 个。由于分布地域涵盖甘肃、青海、宁夏等省（区），故常称西北品种群，其分布中心在甘肃中部，又称为甘肃品种群。在国内是仅次于中原牡丹的第二大牡丹品种群。这个品种群的原种是太白山紫斑牡丹（裂叶紫斑牡丹）。

全缘叶紫斑牡丹在甘肃康县、文县、漳县以及湖北保康一带也有少量栽培。

2）在现有栽培品种中，只有种子产量高、品质好的部分品种适宜作油用栽培　2011 年以前，紫斑牡丹在甘肃中部以观赏栽培为主，且园艺化程度不高。2003 年陈德忠推荐了 35 个紫斑牡丹油用品种，当时并未引起重视。近年来，李莉莉（2017）在普遍筛选的基础上，认为以下10个品种适宜作油用栽培：'夜光杯''奉献''书生捧墨''贵夫人''金白玉''玉盘掌金''熊猫''银百合''紫朱砂''白玉山'。王占营等（2014）从引到洛阳的西北品种中，筛选出6个结实量超过'凤丹'的品种。

紫斑牡丹类型，也耐半阴。适应性强。极耐寒，但品种间差异显著，在吉林长春以北可露地越冬。在黑龙江尚志市育出耐−44℃极端低温品种，但适生区仍在中温带地区。耐旱性强。不耐湿热，在华北、中原一带需进行品种筛选，目前，已有一些适生品种，湖北保康一带的紫斑牡丹原亚种耐湿热特性要比西北品种强。

紫斑牡丹育性也较强，以其作亲本与中原品种、凤丹牡丹、日本品种大多表现出较强的亲和性，从其实生苗选择一些育性强的单株作杂交亲本，能取得较好效果。

第二节　油用牡丹适生区及适宜推广地区

一、凤丹牡丹

（一）凤丹牡丹油用栽培适宜条件分析

1. 适宜凤丹牡丹栽培的环境条件　凤丹牡丹栽培分布于黄河、长江中下游。主产区海拔25～1 500米，年平均气温9.5～17.2℃，年均降水量500～1 400毫米，土壤pH 6.0～8.0。

彭丽平（2018）应用Max Ent模型分析了全国范围内凤丹牡丹生长的最适区域和影响其生长的重要生态因子。Max Ent模型广泛适用于物种的生态适宜性分析，用以评估物种分布地区与这些地区环境和空间特征的相关性。根据该研究结果，以下6个环境变量对凤丹生长和分布有重要影响，如有效积温（贡献率占26.4%）、最湿月降水量（17.7%）、冷季均温（16.9%）、年降水量（9.7%）、年均紫外线（12.2%）和土壤pH（6.9%）。上述因子对Max Ent模型的贡献率合计达89%。上述指标显示凤丹牡丹分布区有效积温在2 000～5 000℃，冷季均温在-10～15℃，最湿月降水量在0～500毫米，年降水量在0～5 000毫米，土壤pH 5.5～8.5。以分布值0.4为界，说明凤丹牡丹适生于有效积温在 2 500～4 100℃，冷季均温在-7～7℃，最湿月降水量在 50～200 毫米，年降水量在 600～1 300 毫米，土壤 pH 6.5～6.9。根据全球气候向暖变化趋势，该研究推测以后凤丹牡丹适生区域将会向北移动。但上述研究没有考虑影响凤丹牡丹开花结实的相关环境因素，这对油用牡丹生产而言显然是不够的。

2. 凤丹牡丹作油用栽培的限制因子　据 2012—2014 年在我国中东部几个凤丹牡丹主产区调查分析，认为在一定的区域范围内（约在北纬 36°以南，北纬 26°以北，海拔在 1 200～1 500 毫米），凤丹牡丹的生长和结实性状与纬度、海拔、年日照时数等呈正相关，而与年均降水量、年平均气温等呈负相关（李晓青，2014）。依据上述研究结果以及近年来的补充调查，发现凤丹牡丹作为油用栽培与药用栽培对生态环境的有关要求明显不同。在不追求种子产量而以生产丹皮为目的时，即药用凤丹牡丹可以有较广的栽培分布，因为不用考虑环境因子对其开花结果的影响，甚至开花前要将花蕾摘除，使养分集中促进根系生长。这样，上述分析结果可供参考。但将凤丹牡丹转为以生产种子为主要目的即作油用栽培时，制约因素相对增多。

制约凤丹牡丹油用栽培的环境条件有以下几个方面：

1）秋冬之交的气温和最冷月的低温值　一是我国偏南地区秋冬之交气温偏高时，凤丹牡丹混合芽易于"秋发"开花，此时开花因为没有满足叶原基春化阶段需冷量的要求，因而大多叶片很小，并且花后不能结果，徒耗养分；二是偏北地区冬季气温偏低时（1 月平均温度低于－10℃），凤丹牡丹难以越冬。这在甘肃中部榆中、临洮等地表现明显。

2）海拔高度　对凤丹牡丹来说，夏季火热地区，适当的海拔高度对其生长发育有利。中原一带海拔 100 米左右的平原农区对油用凤丹牡丹的适宜性往往赶不上海拔 500～800 米的中低山区。但海拔过高时对凤丹牡丹也不适宜，却对紫斑牡丹较为有利。不过，适宜的海拔高度应做具体分析，如云贵高原基础海拔较高，云南昆明海拔在 1 800 米左右，也较适应。

3）花期的降水频率　南方入春之后 3～4 月常常有一个低温阴雨天气过程，这一过程虽然年际的严重程度存在差异，并且对长江中下游的影响不如华南严重。但在 3 月下旬至 4 月下旬，往往是南方凤丹牡丹花期。这时候有寒潮或强冷空气入侵导致大幅降温或连续下雨，会给花期授粉带来不利影响，造成结实量很低，甚至颗粒无收的后果。

(二) 凤丹牡丹各气候区适宜性分析

依据多年调查研究结果，结合最新中国气候区划（郑景云等，2010），对暖温带到中亚热带凤丹牡丹作油用栽培的适宜性做如下推断，供各地参考。

1. 暖温带湿润、半湿润区　该区域在秦岭—淮河一线以北，燕山山地以南，大部分处于黄河中下游以及黄土高原东南部。这一带光热资源充足，年降水量在 500～800 毫米，≥10℃积温 3 400～4 500℃，无霜期 180～220 天。气候条件对凤丹牡丹较为适宜。这一带中低海拔（1 500 米以下）山地，最适凤丹牡丹作油用栽培。

暖温带以北，中温带南缘，凤丹牡丹的适宜性要做具体分析。如宁夏隆德一带一般年份凤丹牡丹生长正常，但 2018 年冬末春初的寒害使其地上部分严重受冻，颗粒无收，而往北宁夏同心一带又危害不大（赵孝庆，2018）。

2. 北亚热带温润区　该区域包括汉江中上游秦巴山地及东面的大别山与苏北平原地区、长江中下游平原地区。这一带秦巴山地中低海拔地区最适于凤丹牡丹（1 500 米以上较高海拔山地则适于紫斑牡丹），次为大别山与苏北平原地区。就长江流域而言，大体上以宜昌为界。宜昌以上山地丘陵较适凤丹牡丹，而长江中下游平原地区凤丹牡丹的油用栽培则有较多限制因素。

3. 中亚热带温润区　这一带热量高，无霜期长，年降水量大。对凤丹牡丹而言，过高的热量与过多的雨量均有不利影响，大大影响产量。但该区域西半部云贵高原中高海拔山地，当凤丹牡丹花期中雨以上降水概率不高时，则油用牡丹仍具有一定发展潜力。如凤丹牡丹在昆明郊区生长良好，开花结实正常。在四川成都平原周围山地，云南中北部海拔 1 800～2 600 米，均可适度发展。

4. 其他地区　在我国东北北部及内蒙古自治区东北部、华北北部、西北地区及青藏高原海拔较高的山地种植凤丹牡丹，一定要经过引种试验，证明可行后才能大面积推广，切不可盲目上马，导致不必要的损失。在这些地区，一般紫斑牡丹油用品种要优于凤丹牡丹。

二、紫斑牡丹

根据紫斑牡丹两个亚种生态习性及各地多年引种实践，其适宜油用栽培和推广地区如下：

18

（一）太白山紫斑牡丹

太白山紫斑牡丹即裂叶紫斑牡丹，较适应冷凉干燥气候，对低温及大气干旱适应幅度较广。在海拔800~2500米，年平均气温7~12℃，极端最低气温不低于−30℃，极端最高气温38℃，土壤pH6.5~8.5的地区能正常露地生长，开花结实。其适宜推广地区应在符合上述条件的暖温带北缘及中温带地区。如辽宁中南部，北京市西部、北部，河北、山西、陕西北部，甘肃东部及西北部，宁夏中南部等。新疆天山以南地区可以试种。

（二）紫斑牡丹原亚种

紫斑牡丹原亚种（全缘叶紫斑牡丹）一直没有栽培化，仅在其野生分布区如甘肃南部康县、文县一带以及湖北西北部保康、襄阳一带有过少量栽培。近年来，湖北省根据该省在不同地区、不同立地条件下引种栽培的试验结果，认为该亚种在湖北西部中高海拔山地生长结实情况良好，适于在海拔1200~2500米山地发展（陈慧玲等，2014）。另据调查，湖北保康紫斑牡丹曾引种武汉植物园、武汉东湖牡丹园，适应性表现一般，未能得到发展。但20世纪90年代甘肃文县紫斑牡丹及保康紫斑牡丹引种甘肃兰州，表现良好（李嘉珏，2006）。近年来，西北农林科技大学将陕西眉县秦岭南坡紫斑牡丹引种杨凌，生长正常；李嘉珏于2012年将其引种湖南邵阳，表现出一定的适应能力。综合以上调查研究结果，认为该亚种稍耐湿热，对暖温带、中温带气候也较适应，适于在河南及湖北西部、陕西南部、甘肃东南部及四川北部、西北部适度推广。

第三章
油用牡丹的生长发育特性、繁殖特性与播种繁殖

第一节　油用牡丹生长发育特性

一、生命周期与年周期

（一）生命周期

牡丹的生命周期指的是牡丹生长发育的大周期，也可以叫作生物学年龄时期，包括从胚胎、幼年、青年、成年、老年直至死亡的全过程。整个过程表现出阶段性生长发育的特点。

1. 实生树的生命周期　牡丹实生树生命周期包括以下几个阶段：

1) 胚胎阶段　从受精形成合子开始到胚具有萌发能力并以种子形态存在、萌发为止。

2) 幼年阶段　从种子发芽起，到植株具有开花潜能为止，又叫童期。

3) 青年阶段　从具有开花能力起到开花、结实性状稳定时止。

4) 成年阶段　生长、开花、结实性状稳定，能实现高产、稳产。

5) 老年阶段　开花结果多年后，营养生长明显减缓，开花结实量逐年下降，更新复壮能力减弱，最后衰老死亡。

野生牡丹的幼年期较长，紫斑牡丹通常要7～8年。栽培种幼年期缩短，凤丹牡丹（杨山牡丹）为3年，紫斑牡丹4～5年。之后，再经过2～3年青

年期而进入成年期。凤丹牡丹在第七年或第八年进入稳产阶段。汪成忠（2016）在测定铜陵凤丹牡丹生物量时，此时总生物量及生物量在生殖器官中的分配达到最高。

油用牡丹成年期持续时间的长短与土壤肥力状况、管理水平以及种类和品种遗传性状等密切相关。从适生地区的调查结果看，紫斑牡丹是长寿树种，有不少百年甚至二三百年的古树。凤丹牡丹所见古树不多。但大面积栽培时的表现，还有待观察研究。从洛阳国家牡丹园的人工实生凤丹林生长情况看，其在20年以后，即已产生分化，部分植株已进入衰老状态。

2. 营养繁殖树的生命周期　与实生树相比，采用嫁接、分株等方法繁殖的植株没有胚胎阶段，其生长恢复阶段（类似幼年期）也为时较短，因而其生命周期可划分为青幼年期、成年期、衰老期3个时期。

（二）年周期

1. 牡丹的年周期及其阶段划分　牡丹的年生长发育周期（简称年周期），是指牡丹每年随着外部环境（主要是气候因素）的周期变化，在形态生理上产生与之相适应的规律性变化。年周期是生命周期的重要组成部分。

牡丹年周期可分为生长期和休眠期2个阶段。生长期是指从春季开始萌芽生长，到秋季落叶前时期。此时，成年植株的生长包括营养生长和生殖生长两个方面。牡丹落叶后到下一年萌芽前，为适应冬季低温等不利的自然环境条件而处于休眠状态，这一时期即为休眠期。介于生长期和休眠期之间，又各有一个过渡阶段，这样，牡丹年周期可以划分为以下4个分期：

1）休眠解除期（萌芽期）　这一阶段是从休眠期转入生长期的过渡阶段，以芽的萌动、芽鳞片绽开为标志。当日均气温稳定在4℃后，芽膨大待萌发，树液开始流动，休眠解除。此时，植株抗冻能力大大降低。

2）生长期　从萌芽生长到落叶为止的整个时期，是牡丹年周期中最长的一个时期，植株处在光合同化期，依次完成营养生长和生殖生长的各个阶段。

3）休眠准备期（落叶期）　这一阶段的标志是叶片开始脱落，叶片自然脱落说明植株已做好越冬的准备，过早或过迟落叶，对牡丹越冬和翌年生长都有不利影响。

4）相对休眠期　从植株正常落叶到翌年树液出现流动现象前，这一阶段生长活动虽然停止，但树体内生命活动并未停止。

2. 年周期与物候变化　牡丹的年周期又与物候期密切相关。牡丹每年随气候的变化而发生相应的形态和生理机能上的规律性变化，这种与气候变化相适应的树木器官的动态变化时期，一般称为生物气候学时期，简称物候期。而外部形态的变化，如萌芽、抽枝、展叶、开花、结果、落叶、休眠等现象和过程，可以通过定期物候观察加以掌握。油用牡丹物候变化规律，对其栽培管理有着重要意义（表3-1）。

表3-1　洛阳、铜陵凤丹牡丹多年物候期变化

地点	物候现象	观测年数	平均日期/（日/月）	最早日期/（日/月）	最晚日期/（日/月）	多年变幅/天	观测年代
洛阳	芽膨大	14	10/2	22/1	7/3	38	1962—1982
	芽开放	16	20/2	7/2	10/3	31	
	开始展叶	16	5/3	6/3	25/3	19	
	展叶盛期	16	22/3	13/3	30/3	17	
	始花	15	13/4	6/4	23/4	17	
	开花盛期	15	18/4	9/4	26/4	17	
	开花末期	15	25/4	16/4	4/5	18	
	种子成熟	12	7/8	25/7	20/8	26	
	叶脱落	13	10/10	30/9	30/10	30	
铜陵	芽膨大	5	25/2	8/2	19/3	39	1976—1982
	现蕾	5	23/3	10/3	7/4	28	
	开始展叶	5	27/3	15/3	7/4	23	
	展叶盛期	5	4/4	25/3	11/4	17	
	花蕾膨大	5	10/4	7/4	12/4	5	
	始花	5	12/4	11/4	13/4	2	
	开花盛期	5	20/4	19/4	21/4	2	
	开花末期	5	1/5	26/4	10/5	14	
	叶落尽	5	4/10	14/9	28/10	14	

在年周期内，树木只有按照一定顺序经过各个物候期，才能完成正常的生长发育过程。树木的物候期是由树种、品种的遗传特性决定，并因环境条件的影响而往往有一定的变化幅度。气候因素特别是气温变化对物候变化有着深刻

影响。

而气温变化不仅表现在不同年份间，而且受所处的地理位置、海拔以及地形等因素的制约；不同的土壤和树体管理措施，可以影响树木生理活动，也会影响树木的物候变化。

二、牡丹根系的生长

(一) 年生长周期与生命周期

1. 年生长周期　牡丹根系没有自然休眠，只要环境条件适宜，可以周年生长，但由于气候在一年中呈现周期性变化，受到气候变化和地上部分生长节律的影响，其伸长生长在一年中也呈现周期性，会出现高峰、低峰交替出现的情况。冬季根系生长最慢与地温最低日期一致，夏季根系生长最慢与土壤温度最高日期一致。根系活力反映根系生理功能的强弱，测定显示（刘志等，2008），牡丹根系一年内有 2 次生长高峰，第一次在春季开花期，第二次在秋季根系生长期，且第一次高峰强于第二次高峰。在实践中，我们也观察到根系在开花后有一次生长高峰，另一次则在夏末秋初，这次生长高峰历时较长。

牡丹根系生长所需温度比地上部分萌芽所要求的温度低，因而春季根系开始生长要比地上部分早。在生长季节，根系生长存在昼夜之间的动态变化。牡丹枝芽冬季进入休眠，但根系活动并未完全停止。

2. 生命周期　和整个植株生命周期同步，牡丹根系也要经历发生、生长、衰老死亡的生命周期变化。而构成根系的某些部分的自疏和更新，则贯穿于其全部生命活动过程中。即便是一个小的须根系统，也有着小周期的规律变化。根系生长状况很大程度上受到土壤环境状况和地上部分生长态势的影响。当其生长达到当地土壤环境下允许的最大幅度后，便会开始发生向心更新。随着树龄增大，土壤中有害物质积累及其毒害作用等，根系逐渐趋向衰老死亡。

(二) 牡丹根系生长的特点

1. 根系生长的向性和可塑性　根系生长的向地性是树木根系的共性。然而，根系还有其他向性活动，如趋肥性。牡丹喜肥，如果地表土壤肥沃，根系就聚集表层，很少向下生长。所以施肥不宜过多，要重视深施基肥。还有趋气性。下雨后，深层土壤湿度大，毛细根就向地表发展。

牡丹有深根性，如紫斑牡丹在黄土地上，根系可以深达 6 米。但在南方地区地下水位高，土壤黏重，湿度大，牡丹根就基本分布在浅层，呈水平状分布。

2. 要求土壤通气性好　影响牡丹根系生长势强弱及生长量大小的因素有以下方面：树体有机营养状况，土壤环境中的温度、湿度、养分及通气性等。其中，湿度与通气性在土壤中形成互补，二者都受到土壤孔隙度的影响。通气性良好同时又湿润适宜的土壤环境，最有利于牡丹根系生长。大量试验表明：70%～80%的土壤最大持水量是牡丹根系生长最适宜的含水量。土壤过湿，土壤中含氧量少，根系呼吸作用受阻，造成根系停长乃至腐烂死亡，这是江南地区牡丹生长不良的重要原因。

3. 与土壤微生物的互作　牡丹根系与土壤微生物间存在互作关系。研究表明，有些丛枝菌根（AM）真菌可以和牡丹根系共生，通过物质交换形成互惠互利关系，有利于牡丹的生长。

（三）根颈及其特点

根颈位于根与茎的交接处，是树体生理活动相对活跃的器官。实生植株根颈由下胚轴发育而成，为真根颈；而茎源根系与根蘖根系没有真根颈，其相应部分称为假根颈。根颈不完全属于茎，也不完全属于根，因而具有独特的习性。由于根颈处于地上部分与地下部分交界处，是植物营养物质交换的通道。它秋季进入休眠期最迟，而春季结束休眠期最早，因而对环境变化相当敏感。根颈易受日灼、冻害，深埋又易窒息。江南地区牡丹根颈部位易受根腐病危害，需注意管理。

三、牡丹枝芽的生长发育特性

茎枝是植物体位于地上部分的主要营养器官。植物的茎枝起源于芽，同时在生长过程中又形成了大量的芽。枝芽的特性可以决定树体枝干系统以及树形。芽抽枝，枝生芽，二者关系极为密切。了解牡丹的枝芽特性，对其树体调节与整形修剪有着重要意义。

（一）芽的类型与特性

1. 芽的类型　牡丹的芽依着生位置不同，可分为定芽（顶芽、腋芽）和不定芽；依其性质可分为叶芽、混合芽和潜伏芽（隐芽）。牡丹的花芽为混合芽。

牡丹幼年植株未开花前主要形成叶芽,成年植株发育枝上部顶芽或上位腋芽大多为花芽,基部一年生萌蘖枝上的芽多为叶芽,但其顶端叶芽能很快分化为花芽。枝条基部的芽常不萌发而成为潜伏芽。根颈部隐芽或不定芽可抽生萌蘖枝(俗称"土芽")。

2. 芽的特性

1) 芽的休眠特性 牡丹芽入冬后进入深休眠状态,并需达到一定的低温期和低温值(需冷量)时,才能解除休眠,恢复正常的生理功能。不同品种、同一植株上不同部位的芽体,甚至同一花芽的不同部位,如花原基与叶原基之间,打破休眠所需的低温期和低温值都有所不同,如早花品种比晚花品种解除休眠早,顶花芽较腋花芽解除休眠早,花原基比叶原基解除休眠早,甚至花原基并不进入休眠,这是秋季开花时花朵能开得很大而叶片却很小的重要原因。花芽一经解除休眠,即便仍处于 0~3℃的低温环境中,也会萌发生长。低温处理是解决牡丹深休眠的根本措施。一般在 0~5℃条件下,经历 30 天左右即可完成,具体要求因品种而异。外源激素(如赤霉素 GA_3,200~800 毫克/升)对解除休眠有一定的辅助作用。

芽的萌发和种子萌发机制和过程基本相同,只不过是萌发初期水分和养分来源不同。

2) 芽的异质性 指牡丹处于同一枝条上不同部位的芽,存在着大小、饱满程度、分化水平的差异。枝条上部的芽易于形成花芽,能抽枝开花,而下部的芽形成潜伏芽。

3) 芽的早熟性和晚熟性 牡丹越冬芽需经一定低温以解除休眠,在自然状态下,要到第二年春天才能萌发生长或开花,应属晚熟性芽。但牡丹中有些具二次开花习性的品种,如亚组间远缘杂种'海黄'('正午'),其部分当年生枝条的顶芽可以很快花芽分化,边生长边开花,这类芽则为早熟性芽。但凤丹牡丹开花后,腋芽分化速度较快,大部分芽在秋前完成花芽分化,在合适的条件下,当年又能抽枝开花。凤丹牡丹秋发及秋季开花现象在我国偏南地区如湖南邵阳等地较为普遍。但这些花朵往往开不好,因为缺乏低温处理,大多有花无叶。凤丹等晚熟性的芽秋花现象与早熟性芽当年开花有着本质的不同。

4) 芽的潜伏力 牡丹枝条基部着生的芽,由于芽的分化程度低,以及上位芽或腋芽的抑制作用而呈潜伏状态，称为潜伏芽。当植物体衰老或受到某种刺激时，可以激发这类芽萌发成新梢的能力，即芽的潜伏力，可以用潜伏芽的寿命来表示。芽的潜伏力与树种的遗传特性有关，更与环境条件关系密切。潜伏芽的数量与寿命长短将影响到树体的更新和复壮。凤丹牡丹和紫斑牡丹都是芽的潜伏力较强的树种，有利于老树的更新复壮。

5）萌芽力与成枝力　母枝上芽的萌发能力称萌芽力，其中花芽抽生花枝的能力又叫成枝力。牡丹不同品种间萌芽力与成枝力表现出明显差异。凤丹牡丹属成枝力较强的品种，其2个生花枝上部2个侧花芽当年可萌发成枝，少数植株可以抽生3个以上花枝。

3. 芽的生命周期与年周期　牡丹的基本生命活动是芽的生长发育。牡丹植株的生命周期是由若干世代交替的芽所组成的，而芽的生命周期又是由其年周期组成的。不同着生部位的芽生命周期长短有所不同（王宗正等，1987）。

牡丹成年植株的枝条上部的芽主要为花芽，这些花芽为典型的混合芽。每个混合芽内除有顶端分生组织外，在下部几个叶原基腋内有发育程度不同的腋芽原始体。子一代混合芽的生命周期就始于母代芽中的腋芽原始体。腋芽原始体产生后，有顺序地形成顶端分生组织、叶原基、腋芽原基及花原基，最后形成花芽；花芽萌发生长后，经减数分裂形成花粉粒和胚囊，进而开花、传粉和受精，最后形成种子和果实，并结束生命周期。就每一个腋芽的生命周期而言，需经历3个年周期（菏泽一带实际为25个月，约750天）：

第一个年周期。这个周期是从母代芽产生子一代腋芽原始体开始，到产生1~2个芽鳞原基为止，一般历时约5个月。7月底或8月初母代混合芽基部腋芽原基的分生组织分化出芽鳞原基，并于第二个年周期中发育形成能越冬的鳞芽，其生命周期为3年。这一年腋芽原基体积很小，生长缓慢，结构简单，常被忽略。

第二个年周期。在该年周期中，腋芽原基继续生长。如果营养积累和成花激素都适宜，能完成由营养生长向生殖生长的转化，就会在产生芽鳞原基、叶原基后，顶端生长点继续花芽分化，依次形成苞片原基、花萼、花瓣以及雄蕊、雌蕊原基，形成混合芽，并奠定翌年开花结实的基础。

第三个年周期。这一年主要是花丝、花药、柱头进一步分化完成，大小孢子减数分裂及花粉粒、胚囊的形成，继而开花传粉、果实成熟。

牡丹的腋芽原基在第二个年周期中没有花芽分化时，即在形成芽鳞原基、

26

叶片原基后终止，形成叶芽，只有 2 个年周期。

（二）枝条的类型与生长特点

1. 枝条类型　牡丹枝条可分为营养枝和花（果）枝。由叶芽形成的枝条为营养枝，由花芽形成的枝条为花（果）枝。花枝又可分为顶芽花（果）枝和腋芽花（果）枝。牡丹成年植株花（果）枝占绝对优势，刚萌发出土的萌蘖枝多为营养枝。但有些潜伏芽已在地下分化成花芽，一出土就可以开花。

2. 生长特点

1）顶端优势　顶端优势是指枝条顶部分生组织或茎尖抑制其下侧芽生长的现象，表现在同一枝条上顶芽或位置高的上位侧芽比其下部芽充实饱满，萌发力、成枝力强。牡丹枝条顶端优势明显，其原应与顶芽（或上位侧芽）和下部侧芽间生长素含量不同有关。

2）叶蕾同放　花芽萌动后，枝叶同步协调生长，保证花蕾的正常发育与开花。如在风铃期温度偏高时，叶片徒长，会抑制花蕾发育并导致花蕾败育。反之，叶片不能伸展，会形成有花无叶的枯枝牡丹。

3）发育枝的退梢现象　牡丹当年生花（果）枝只有基部 3~4 个有芽眼的节能够木质化，中部以上无芽眼（或仅有裸芽）的节位于秋冬枯死，因而当年实际生长量仅为当年生长量的 1/4~1/3。此即花谚所说"牡丹长一尺退八寸"，是牡丹亚灌木特性的具体表现。

四、牡丹的花芽分化

（一）花芽分化及其分期

1. 花芽分化的概念　花芽分化是指茎端或叶芽顶端分生组织在特定的营养条件下，具备成花生理条件时，由营养生长转向生殖生长，发生形态及生理代谢方面的变化，从而形成花芽。而生长点由叶芽状态转变成花芽状态后，逐步分化为花器官的各个组成部分的过程，叫花芽形成。

花芽分化是树木生命周期中一个关键的生命过程，是完成开花的前提条件。了解并掌握油用牡丹花芽分化的过程及其基本规律，对于搞好田间管理、保证稳产高产具有重要意义。

2. 花芽分化期的划分　花芽分化通常分为以下几个时期：

1) 生理分化期 是指芽内生长点由叶芽生理状态向分化花芽的生理状态转化的过程，是花芽能否分化的重要时期。此时植物体内各种营养物质的积累，内源激素比例的调节都是为花芽形成所做的前期准备。

2) 形态分化期 是花芽分化存在形态变化发育的时期。依据花器不同器官原始体的形成可划分成 5 个时期：分化初期（芽尖顶端隆起呈半球形）、萼片形成期、花瓣形成期、雄蕊形成期、雌蕊形成期。

3) 性器形成期 牡丹植株经过冬季一定时期低温积累条件后，形成花器并进一步分化完善，到翌年春天，随气温升高而继续分化，到开花前性细胞形成才全部完成。

牡丹不同种类或品种间，花芽分化规律大体相同，但各分期的具体时间或其时间长短会存在差异。从谢花后到花芽形态分化初期，间隔30～40天或更长。这段时期的变化，肉眼难以判断，只能依据历年解剖观察，确定花芽形态分化初期后，再对其生理分化期的时间进行推断。

（二）花芽分化的特点

凤丹牡丹与紫斑牡丹同属芍药科芍药属牡丹组革质花盘亚组的种类，花芽分化过程有着一些共同的特点：

1. 两种牡丹花芽分化均属夏秋分化型 一年只进行一次。

2. 牡丹花芽分化存在生理分化期 牡丹花期过后，枝条顶部或上位腋芽即开始花芽分化前的准备，属于生理分化期。形态分化则在花后 30～40 天启动，具体启动时间在不同地区间差异较大。如以苞片原基的出现作为营养生长向生殖生长转变的形态标志，则中原品种（花期 4 月）大部分出现在 6 月下旬，到 8 月上旬出现萼片原基，8 月下旬出现雄蕊原基。植株进入休眠后，花芽分化并未完全停止，仍在缓慢推进。总的看，花芽分化前期进展缓慢，这一阶段正值夏季高温，且日温度在 27～32 ℃。到 8 月下旬，气温明显下降，花芽分化进程加快，芽体迅速增大。夏季高温可能是前期延缓花芽分化进程的重要原因。

3. 花芽分化持续时间与分化顺序 凤丹牡丹和紫斑牡丹的单瓣品种花瓣数量不多，其花芽分化过程较简单，整个分化持续期为 3 个多月，一般在入冬前结束。

花芽形态分化顺序依次为：花原基→苞片原基→萼片原基→花瓣原基→雄蕊原基→雌蕊原基。花瓣原基分化开始后，由于分化过程加快，各分化时期常有所重叠。

4. 芽在枝条上的着生部位不同，分化早晚与分化程度存在差异 同一枝条上最上面的芽先分化，顶端优势明显。

5. 入秋后根据芽体大小可判断花芽是否形成 凡芽体（直径）＞0.6厘米者多已分化成花芽。但花芽分化具有可逆性。如果植株生长不良，根系营养储备不足，则难以成花。

牡丹部分亚组间远缘杂交种1年内花芽可多次分化，属多次分化型。这类品种早熟性花芽分化时间为7月至8月中旬，花芽为裸芽，由二次生长枝条顶端分生组织分化形成，其分化进程很快（约20天），且不具休眠性，分化完成后即生长开花。越冬芽分化时间从9月开始，部分芽分化可延迟到下一年。由于个体间花芽分化始期与结束期先后不一，致使春季花期变长（王荣，2007）。

五、牡丹的开花授粉特性

（一）开花过程与特点

花芽萌发后，到开花需50多天。牡丹花蕾发育过程如图3-1所示（喻衡，1980）：①越冬鳞（花）芽。②萌动期。混合芽开始膨大，芽鳞变红并开始松动。③显蕾期。芽鳞开裂，显出幼叶和顶蕾。④翘蕾期。顶蕾凸起高出幼叶尖端。⑤立蕾期。花蕾高出叶片5～6厘米，此时叶序已很明显，但叶片尚未展开。⑥小风铃期。立蕾后1周，花蕾外苞片向外伸张，形如古建筑飞檐下的风铃。花蕾大小为2.0厘米×1.0厘米。此为小风铃期，此期对低温敏感，若遇0℃以下低温，易遭冻害而不开花。⑦大风铃期。小风铃期过后一周，花蕾外苞片完全张开，花蕾开始增大，此时可称为大风铃期。⑧圆桃期。大风铃期后7～10天，花蕾迅速增大，形似棉桃，但顶端仍尖。⑨平桃期。圆桃期后4～5天，花蕾顶部钝圆，开始发暄。⑩破绽期。平桃期后3～4天，花蕾破绽露色，即花蕾"松口"。此时为剪切花最佳时期。花蕾破绽后1～2天，花瓣微微张开为初花期，随后进入盛花期、谢花期，完成开花过程。以上分期方法目前在生产实践中应用较广。

牡丹开花有以下特点：①花期集中。虽然凤丹牡丹品种间已开始出现花期差异，但早花、晚花总体上相差7～10天，特早、特晚花比例不大，因而花期相对集中。②大小年现象。观察显示，凤丹牡丹开花数量和结实量年际存在差异，有大小年现象发生。其原因一是花期气候不正常，影响授粉；二是栽培管理不善，导致树体营养代谢失调，进而影响花芽形成与分化，从而产生大小年现象。

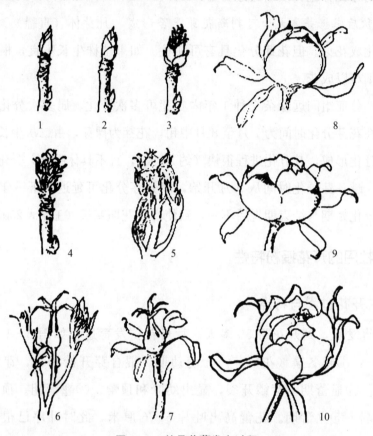

图3-1　牡丹花蕾发育过程
1. 越冬鳞（花）芽　2. 萌动期　3. 显蕾期　4. 翘蕾期　5. 立蕾期
6. 小风铃期　7. 大风铃期　8. 圆桃期　9. 平桃期　10. 破绽期

（二）授粉及其影响因素

牡丹开花后，雄蕊雌蕊依次成熟，完成授粉受精过程，为结实奠定了基础。

牡丹为异花授粉。在开花过程中雌雄异熟而以雄蕊先熟。观察显示，在自然状态下，不同品种的结实率存在较大差异。如在甘肃榆中，紫斑牡丹各品种结实率为：'书生捧墨'50%，'红莲'34.2%，'冰山雪莲'18.4%，而凤丹牡丹为50%（王太鑫，2000）。另据袁涛在河南栾川的观察，紫斑牡丹（兰州引种，混杂品种）结实率平均 30.2%，最高 45.2%；凤丹牡丹结实率 48.2%，最高 63.8%。栾川引种栽培的紫斑牡丹胚珠败育率高，平均为 54.5%，凤丹牡丹平均为 51.8%（袁涛等，2014）。

牡丹授粉效率与开花期间天气状况关系密切，天气晴朗、空气湿润，自然授粉效率高；而开花期间受到低温或降水的干扰，昆虫活动能力减弱，降水还会稀释柱头分泌的黏液等，就会大大降低授粉效率。在适宜的天气条件下，实施人工辅助授粉或花期养蜂，可以较大幅度提高授粉效率。

六、果实和种子的发育

（一）果实和种子的发育过程

凤丹牡丹花期由 3 月底至 4 月中旬，从授粉受精、心皮开始发育到果实成熟，整个过程持续 4 个多月。这期间，凤丹牡丹形态结构和生理代谢都发生了重大变化（李晓青，2014；马雪情，2016）。

1. 体积和鲜重、干重的变化　果实发育首先是体积和鲜重的增长。在洛阳，牡丹果实体积在花后 64 天趋于稳定，77 天达到最大；而果实鲜重则在花后 110 天达最大值。然后，果实体积和鲜重均有所下降。在果实成熟前，果皮含水量相对稳定，同期叶片含水率维持在 70% 左右，而籽粒含水率则从 82.77%（花后 26 天）降到 42.51%（花后 114 天）。籽粒成熟前，果实、果皮、籽粒干重持续增加，但果皮干重减少早于籽粒，应是果皮中营养物质向籽粒转移的结果。果皮和籽粒开始脱水（籽粒脱水早于果皮），趋于成熟。

种子和果实生长同步，初期种子体积快速增长。在上海，花后 60 天时凤丹牡丹种子大小已基本成形（单粒种子纵径 11.26 毫米，横径 9.45 毫米）。此后，种子体积略有减小，90 天后又略有增加。

另观察显示（刘焰等，2015），凤丹牡丹种子不同发育阶段鲜重和干重的变化有显著差异。由于干物质的积累和水分的吸收，种子的鲜重在花后 60 天内迅速增加，平均粒鲜重从 0.019 克增加到 0.511 克。随后增速有所降低，在 60～110 天种子鲜重缓慢增长。110～130 天随着种子成熟度的提高含水率逐渐降低，种子鲜重也随之降低。但种子的干重，则从花后 20～110 天一直呈增长的趋势，由初期平均粒重 0.01 克增长到 0.34 克。但从 110～130 天又有所降低，平均粒干重从 0.33 克降到 0.28 克。

2. **主要营养成分的变化**　牡丹种子发育过程中，主要营养成分如可溶性糖、淀粉、蛋白质和粗脂肪含量等都有明显变化（马雪情等，2016）。

籽粒发育初期，可溶性糖含量较高，中后期呈下降趋势；而淀粉含量明显大幅下降，92 天后才有所增加并趋于稳定。

蛋白质含量随种子体积迅速增大而大幅降低（由花后 26 天的 20.32% 降至 36 天时 5.17%），之后又快速积累，种子成熟时仍占 16.95%。

粗脂肪含量一直呈上升趋势。由花后 56 天的 8.37% 增长到 21.55%。以后（花后 92 天）基本稳定。可溶性糖与粗脂肪积累间呈极显著负相关。

根据以上分析，牡丹种子发育初期输入的同化产物是可溶性糖，先转化为蛋白质以用于种子的形态建成。花后 1 个多月转入脂肪的快速积累期，同时，淀粉、蛋白质含量又有所增加。

3. **种子含油率及脂肪酸组分的变化**

1）**种子含油率的变化**　牡丹种子属油脂类种子。种子发育过程中，种子含油率由初期的缓慢积累（花后 40 天含油率 1.63%）到快速积累（花后 97 天增长到 24.62%），然后再缓慢下降（成熟期 21.78%）。

2）**种子脂肪酸组分及其含量变化**　凤丹牡丹种子发育过程中，籽油中脂肪酸组分及其相对含量有着明显变化。凤丹牡丹种子中共检测出 11 种脂肪酸。不同发育阶段脂肪酸组成基本相同，但各组分的相对含量有所不同。其中，脂肪酸主要成分为亚麻酸、亚油酸、油酸、棕榈酸、硬脂酸 5 种（前 3 种为不饱和脂肪酸，后 2 种为饱和脂肪酸），其他脂肪酸含量均低于 1%。5 种主要脂肪酸中，亚麻酸含量最高，其余依次为亚油酸、油酸、棕榈酸和硬脂酸。

种子发育的过程中，不饱和脂肪酸相对含量总体上呈缓慢增加的趋势，花后 60 天时，含量占 90.73%，种子成熟时（花后 115 天）占 92.27%；而饱和脂肪酸含量有所降低，从花后 60 天时的 8.26% 减少到种子成熟时的 7.46%。

种子发育过程中脂肪酸各组分间的相关性分析表明，亚麻酸与豆蔻酸、十七烷酸的相对含量呈显著正相关，而与硬脂酸、油酸、亚油酸含量呈显著负相关。从花后 70 天开始，亚麻酸含量一直呈下降趋势，而硬脂酸、油酸等则呈增加趋势；亚油酸含量虽有降低、升高的曲折变化，但最后含量仍处于较高水平。总的看，牡丹籽油中不同脂肪酸含量的显著变化，主要是饱和脂肪酸转变为不饱和脂肪酸。牡丹籽粒发育过程，是油脂积累与脂肪酸转化的过程。

（二）种子发育阶段的划分

根据凤丹牡丹种子发育过程中体积增长、干鲜重量变化以及油脂积累的变化等，可以划分为以下几个时期：

1. 籽粒形成期　花后 20～40 天。这一时期果实、种子着重于形态建成，因而体积增长较快，但干重、鲜重和含油率等增长缓慢。其中籽粒形成初期是籽粒数目形成的关键时期。

2. 籽粒快速生长期　花后 40～60 天。这一时期上述指标均呈快速增长态势。

3. 内含物充实转化期　花后 60～105 天，种子体积、鲜重增速变缓，但干重及含油率快速增长，是种子中油脂积累高峰期。此时种皮已由乳白色转变为暗黄色。

4. 籽粒成熟期　花后 105～115 天。种子各项生长发育指标有所下降，果实种子成熟。

种子发育过程中，种皮颜色随油脂积累程度而发生重大变化。油脂开始积累时为黄白色，随后逐渐加深，呈现由乳黄白色→黄色→深黄色→褐色→黑色。种皮颜色与油脂积累程度呈现一定的相关性。

第二节　油用牡丹的繁殖特性

凤丹牡丹与紫斑牡丹均为专性有性繁殖，生产上主要采用播种育苗。掌握牡丹种子的休眠特性及其萌发特性对生产实践具有重要意义。

一、种子的休眠特性

具有正常活力的种子处于适宜萌发的环境条件下而不能正常萌发，这种状态称为种子的休眠。种子休眠被认为是植物对逆境的适应和保护物种延续的一种策略。

牡丹普遍存在典型的胚体休眠特性。这种休眠包括上胚轴（胚芽）和下胚轴（胚根）的休眠，而以上胚轴的休眠更为突出和典型。牡丹种子在温度和水分适宜时胚根生长，但胚芽即上胚轴仍处于休眠状态，若不变换条件则一直保持生根生长，并长出许多侧根，只有经过一定的低温期和一定的低温值后，上胚轴才能解除休眠而发芽出土。由此可见，打破牡丹种子两段休眠所需的时间进程和温度条件截然不同，从而使得牡丹种子萌发过程表现出明显的阶段性。

一般来说，种子休眠的原因可以归纳为两个方面：一是外因，即胚以外的各种组织，如种壳（含种皮、果皮等）的限制，包括种壳的机械阻碍，不透水性以及种壳中存在抑制萌发的物质。二是内因，即胚本身的因素，包括胚的形态发育没有完成，或生理上尚未成熟，缺乏必需的激素或存在抑制萌发的物质等。具体到凤丹牡丹种子，种皮不是阻碍其萌发的原因，因为凤丹牡丹外种皮透水性很好，其风干种子以清水浸泡1天后吸水量即有明显的增加，5天后趋于饱和。湖北保康大水林场当年采收的紫斑牡丹种子浸水1天后，即可见种子明显膨胀，种皮软化，可见紫斑牡丹的种皮透水性和坚硬度也不是其萌发的限制因子。进一步的研究表明，牡丹种子之所以难以萌发，应与种子中含有抑制物质有关。在凤丹牡丹种子中，这类物质主要含在种胚之中，少量分布于胚乳（郑相穆等，1998）。将在25～26℃下培养了30天的凤丹牡丹种子（此时胚根已经伸长）的种胚提取物作用于小白菜种子萌发，发现其抑制效应可达88.5%。此时，采用组织培养法，将休眠种子的离体胚接种在不含任何激素的1/2 MS培养基上，结果只有少数形成愈伤组织，而绝大多数离体胚在培养基上并不生长。这说明凤丹牡丹种胚虽然已经在形态上基本分化完整，但仍处于幼胚阶段，还需要通过子叶吸收胚乳中的营养物质和生长促进物质后，才能发育成熟和生长。紫斑牡丹种子同样含有生根抑制物质，但这类物质不存在于子叶，而可能在上胚轴和胚芽中。

二、种子的萌发特性

种子萌发通常是指种子从吸水膨胀到胚根伸长突破种皮期间发生的一系列生理生化变化过程，通常以胚根突破种皮作为萌发的标志。从生理上看，萌发是没有休眠或已解除休眠的种子由相对静止状态转为生理活跃状态，此时，呼吸作用加强，储藏物质被分解并转化为可供胚利用的物质，使胚转为生长的过程；从分子生物学角度看，萌发的本质是水分、温度等因子促使种子中的某些基因表达和酶活化，引发一系列与胚生长有关的反应。

种子的萌发是一株最幼嫩的植物（胚）重新恢复其正常生命活动的表现，它是植物全部生命周期中生命活动最强烈的一个时期。这一时期能在一定程度上反映它脱离母体以前的个体发育情况，同时，对它以后生长发育和代谢活动也会产生显著影响。

(一) 种子萌发过程的阶段性

观察显示，牡丹种子萌发过程具有明显的阶段性，如凤丹牡丹需先后经过后熟阶段、暖温长根阶段和低温春化阶段。在这几个阶段中，温度对凤丹牡丹种子的萌动生根以及胚芽的伸长生长有着明显的影响。

凤丹牡丹种子采收以后，需经过约 40 天的后熟阶段完成其后熟生理过程。种子完成后熟并充分吸水膨胀，胚根伸长，突破种皮。这一阶段需要 25 ℃左右的温度，约 30 天。在这一阶段，种子内 2 片子叶增大，胚乳中的养分缓慢分解，通过子叶运至胚根，但此时胚芽尚未萌动。此后，生根的种子经过约 60 天的低温（5 ℃），解除上胚轴休眠，胚芽才能萌发。如果不能满足上述条件，或者不按以上顺序进行，则凤丹牡丹种子难以萌发成苗。这是凤丹牡丹播种过晚（立冬后）时翌年春难以出苗的主要原因。紫斑牡丹表现出大体相同的规律，但其种子萌发的阶段性往往表现出更长的时间进程，如在自然条件下，其种子萌发生根期需要半年时间，有着比凤丹牡丹更为典型的上胚轴休眠特性。

种子胚根生长需要一定的积温，胚芽的生长发育又需经历较长时间的低温，这种休眠特性是其在系统发育过程中对环境条件的一种适应。

(二) 温度和植物激素对牡丹种子萌发的影响

怎样打破牡丹种子休眠，使其能够正常萌发生长？在长期生产实践中，人们早已总结了适时播种，通过自然低温，促进种子发芽的经验。后来，又对打破牡丹种子休眠所需的低温值及持续时间进行了系统观测，对植物激素如 GA_3 等在打破牡丹种子休眠中所起的作用进行了探讨（成仿云等，2008）。

1. 温度和 GA_3 对牡丹种子生根的影响　在水温 35～50 ℃及 0（对照）～1 000 毫克/升 GA_3 溶液浸泡凤丹牡丹种子 1 天后，在室温中沙藏，然后进行观测。据观察发现常温及温水处理对凤丹牡丹种子生根没有影响，均在沙藏 52 天后开始生根，100 天生根率达 84%以上。不过，其生根率和主根长≥40 毫米百分率在 35～50 ℃温水处理中稍有下降；GA_3 处理使种子生根提前 5 天，仅就生根质量而言，则以 100 毫克/升和 200 毫克/升 GA_3 处理最好，生根率达 90%以上，主根长≥40 毫米百分率在 70%以上。GA_3 处理使牡丹种子初次生根时间提前，生根速度加快，从而提前完成生根过程，但会降低主根长≥40毫米的百分率，以及≥10毫米侧根数量。低浓度GA_3可以提高生根率，而较高浓度的GA_3则产生抑制作用。但不同种间存在差异，处理凤丹牡丹用200毫克/升GA_3，紫斑牡丹用300毫克/升GA_3能提高生根率，但GA_3浓度大于300毫克/升时，则生根率均低于对照。

2. 低温和GA_3处理对牡丹种子胚芽生长的影响　分别用低温处理或GA_3处理，都可以解除凤丹牡丹和紫斑牡丹种子上胚轴休眠，二者结合处理，效果更为明显。

研究发现：低温和GA_3解除牡丹种子上胚轴休眠的效果不仅与低温处理时间和GA_3浓度有关，也与处理的种子已生长的根长有关。低温或GA_3处理时根长40~50毫米的种子发芽率和萌发速率，均大于根长20~30毫米的种子。

将凤丹牡丹种子在常温水中浸泡1天后常温中沙藏。100天后取出主根长≥40毫米的种子，在（3±1）℃中储藏0天（对照）、14天、21天、28天，分别用0（对照）~500毫克/升GA_3处理后，栽植于小穴盘中，置玻璃温室中培养成苗，定期观测，100天后测定并分析各项幼苗生长指标。

根据试验结果，低温处理对解除凤丹牡丹种子上胚轴（胚芽）休眠有效。随低温处理天数增加，初萌动期缩短，发芽指数和发芽率提高，并以低温28天处理效果最好；单纯GA_3处理同样可以解除上胚轴休眠，促进萌发，其中以200毫克/升处理萌动期最短（27天），500毫克/升处理发芽指数最大（0.25），发芽率则随GA_3处理浓度增加而提高，但即在500毫克/升处理中发芽率最高，也只有60%。

低温与GA_3组合处理时，结果有所不同：①种子初萌期比单用低温处理明显缩短，而与单用GA_3处理相比，则缩短时间并不明显。②发芽指数比低温和GA_3单独处理有所提高。在低温处理达到28天时，对照初萌期明显缩短，发芽率达100%，说明此时低温处理已足以解除种子上胚轴休眠，此时，较高浓度的GA_3处理反而使初萌期延长，发芽指数和发芽率降低，对种子萌发产生不利影响。③此时，低温处理21天就能够满足凤丹牡丹种子解除休眠的需要，21~28天低温结合100~200毫克/升GA_3处理，凤丹牡丹种子发芽良好。而此时，较高GA_3处理（500毫克/升）则会产生不利影响。

Barton和Chandler（1957）观察显示，在低温7周的处理中，牡丹根长40

毫米种子85%胚芽能够生长，而根长20～30毫米种子则只有40%能够生长；高浓度GA₃单独处理或结合一定的低温，均使牡丹初萌期缩短，发芽率提高，但幼苗生长较弱；而低浓度GA₃或只用低温处理的种子，幼苗生长都正常。景新明等（1995）认为，100毫克/升GA₃处理1天，或在5℃条件下处理1～2周，就能打破上胚轴休眠。对于凤丹牡丹，低温和GA₃均有打破上胚轴休眠的作用，其中对主根长40毫米种子用200毫克/升GA₃处理72小时，100毫克/升GA₃处理24小时，或2～4℃处理28天以上，300毫克/升GA₃处理24小时，或4℃低温处理32天（林松明等，2006）均可获得最高发芽率和最短初萌期。

3. 低温和GA₃处理对牡丹幼苗生长的影响　低温和GA₃处理不仅对已生根的牡丹种子萌发有促进作用，而且对幼苗生长也产生影响，凤丹牡丹幼苗生长在一定范围内与GA₃处理呈负相关，而与低温相结合时，又随GA₃浓度的提高而改善，说明低温处理改变了幼苗对GA₃的响应能力。但在满足解除种子休眠的低温需要量后，低温过长或GA₃浓度过高却不利于幼苗生长。

综合100天内凤丹牡丹种子经过处理后的各项生长指标（如：发芽率≥80%，苗高≥100毫米，叶宽≥80毫米，叶片数≥1.5个，茎长≥30毫米以及地上和地下部分干重量分别≥300毫克和≥50毫克等），发现21天和28天低温结合100毫克/升和200毫克/升GA₃处理后最有利于凤丹牡丹种子发芽和幼苗生长。

4. 牡丹种子萌发过程中的营养变化和不同处理引起的形态变化　在凤丹牡丹种子生根和萌发以及幼苗生长特性研究中，还发现其他一些生理和形态上的变化：①凤丹牡丹种子萌发生根过程中，根系生长会消耗少量营养。此时，不同处理中，各种蛋白质含量变化不大，但可溶性糖含量和淀粉含量呈下降趋势。②根系生长长度与上胚轴生长的相关性：凤丹牡丹种子的上胚轴休眠属生理性休眠，只有根长达到40毫米时，下胚轴增长到足够的体积可以感受低温刺激信号，才能解除上胚轴休眠。③低温处理7～32天，可以解除根长≥40毫米的凤丹牡丹种子上胚轴休眠。但低温处理时间越长，休眠解除越彻底，其发芽率、出苗整齐率持续增加。对幼苗生长而言，低温处理应是最好的方式，不仅促进叶片伸长，叶面积增大，根尖及根系总长度增加，生物量增长也较明显。④在植物激素中，除GA₃外，6-BA（6-苄基腺嘌呤）、IBA（吲哚丁酸）等处理均可代替低温促进根长≥40毫米的凤丹牡丹种子萌发，但不同浓度效果有较大差异。GA₃以300毫克/升效果最好；6-BA、IBA最适浓度为100毫克/升，随浓度升高，发芽率递减，且处理后需较长时间才能生长，经处理的幼苗根系生长与 GA_3 处理的、低温处理的无明显差异。不同激素处理改变了上胚轴形态：6‐BA、IBA 处理使其显著增粗，GA_3 处理使其迅速伸长。低温处理随时间延长，其形态变化不大。

三、种子的寿命与储藏特性

种子寿命是指种子在一定条件下保持生活力的最长期限。在自然条件下，牡丹种子的生活力随时间延长而明显下降，寿命一般为 3 年。

关于牡丹种子的储藏特性，景新明等（1995）曾做过观察，对不同储藏时间的种子采用 TTC（氯化三苯基四氮唑）法染色以判断其生活力，结果表明：新采收的牡丹种子中有 88％的胚和胚乳均着色良好，其余种子也都基本着色，表明生活力极强。在常温 10～15℃条件下储藏了 1 年的种子，与新鲜种子相比，已有约 1/4 的种子生活力下降。少部分丧失活性，但多数种子仍保持较高的或还有相当的生活力。而在 10～15℃条件下储藏 4 年的牡丹种子和水煮死亡种子（对照）一样，胚完全不着色，胚乳也不着色，仅个别种子胚乳周边稍有着色，或切面有黑红色，表明其生活力也已大幅下降，大多难以萌发出苗。但在－20℃储藏温度下，第四年保持生活力的种子仍占到 57％，不过这些种子仍有相当数量难以萌发出苗。

根据上述结果判断，牡丹种子具有正统种子的储藏特性，不属于顽拗性种子。但需注意，牡丹种子衰变较快，即使在低温条件下储藏，其生活力也难以保持很长时间，繁殖用的种子应以新鲜种子随采随播为宜。

第三节　油用牡丹的播种繁殖

一、育苗地准备

油用牡丹育苗对土壤条件要求较高，应选背风向阳，土层深厚肥沃，既排水良好，又有一定保墒能力的沙壤质土用作苗圃地。忌选黏重、盐碱、低洼及重茬地块。

育苗用地应在播种前两三个月内选定。土地选好后，应开展以下准备工作：

（一）清除杂草

对其中杂草较多的地块，应在夏秋之交，草籽尚未成熟前予以根除。除草办法：一是土地深翻，将杂草压到底层。二是酌情使用除草剂。三是覆盖薄膜。提前控制草害可以大幅度降低育苗成本。

（二）深耕翻晒，施足底肥

育苗地宜提前 1 个月深耕翻晒，深度 50 厘米左右。要在晴天翻耕，通过暴晒促进土壤熟化，杀灭病菌和虫卵。

翻地前每亩施用 1 000～1 500 千克腐熟厩肥，50 千克复合肥作基肥，同时施入土壤杀虫剂、杀菌剂。

（三）整地做床

播种前再次整理土地，浅耕耙细整平，然后做床。降水多的地区宜做成高畦，畦宽 1.2～2.0 米，畦面做成弧形，以利排水。畦间步道（兼排水沟）深、宽各 0.4 米。降水少的地区宜做低床。

二、种子制备

（一）采种圃的建立

为了能采收到品质优良纯正的育苗用种子，必须建立初级良种采种圃。选用结实能力强、丰产性能好且性状较为一致的优株作为采种母株，并在栽植后加强管理。就母株株龄而言，以五年生以上的优良母株上采集种子用作壮苗培育较为适宜。

采种圃的建立对培育油用牡丹壮苗甚为重要，特别是在油用牡丹迅速发展，原有良种工作基础薄弱的情况下更是如此。当前，凤丹牡丹由以药用栽培为主转向油用栽培，紫斑牡丹则由观赏栽培为主转向油用栽培，种子混杂情况相当突出，致使种苗良莠不齐。在现有采收的紫斑牡丹混杂种子培育的实生苗中，单瓣植株仅有 60%～70%，其中还混杂有部分雄蕊、雌蕊发育不全而不能结实的植株。此外，甘肃中部紫斑牡丹产区海拔较高（1 700～2 100 米），种子成熟期偏晚，导致播种后当年种子绝大部分不能萌动生根，翌年春天出苗率很低。而在海拔较低的山地（1 500 米以下）建立采种育苗基地，可以使种子提前成熟，提前播种，对加快育苗进程也有重要意义。

（二）种子采收和处理

1. 种子采收　牡丹种子成熟期在不同产地间存在差别。安徽铜陵凤丹牡丹种子一般在 7 月下旬（大暑前后）成熟，而山东菏泽等地在 7 月中旬至 8 月上旬。湖北保康紫斑牡丹在 8 月上旬成熟，甘肃兰州附近的榆中、临洮紫斑牡丹则在 8 月中下旬成熟。当大部分蓇葖果呈蟹黄色时，即应及时采收。据形态观察及种子内营养成分的测定，此时种子中的干物质积累与脂肪酸含量均已达到最高。可以根据成熟程度分期采收。但需注意：育苗用种子和油料生产用种子应分别采收，育苗用种子不宜过于成熟，一般九成熟即可。

种子适时采收对播种育苗非常重要。适时采收并及时播种，种子萌发生根率达 90% 以上。适时采收的种子达到最大千粒重，含水量开始减少，干重不再增加。

2. 采后处理　采下的果实应堆放在阴凉通风、不易返潮的房间地面（一般为粗糙水泥地面）上，以促进种子后熟。果实堆放厚度不超过 20 厘米，每天翻动 2～3 次，以免发霉。10 天后，果壳内种子普遍由黄褐色转变为黑褐色，此时果皮自行开裂，种子脱出。未开裂的果实可用脱粒机制种。脱壳后，种子的堆放厚度不宜超过 10 厘米，每天翻动 1～2 次。同时加强通风，防止霉变。用于播种的种子切勿暴晒。

三、适时播种

（一）凤丹牡丹的播种

1. 播种期　宜采用当年新鲜种子播种。安徽铜陵等地凤丹牡丹的播种期一般在 9 月初至 10 月中旬。如当年地温较低，或播种期偏晚，播种后必须覆盖地膜（以黑膜较好）。

2. 种子处理　播种前要采用水选法选种。种子浸泡 2～4 小时，弃去水上浮起的棕色秕种子，留下在清水中沉下的饱满种子，用 50℃ 左右的温水浸种 2 天左右，或者用常温清水浸种 3～4 天，每天换水 1 次。充分吸水膨胀的种子，经 0.5% 高锰酸钾等药剂消毒处理后，即可用于播种。

清水泡好的种子也可用甲基硫菌灵或多菌灵消毒（请参照使用说明使用）。

种子浸泡后如遇阴雨天或土地墒情较差不能下种时，可用湿沙土拌种放置室内假植，也可直接放置室内用湿布盖上，待天晴或土地湿润后播种。但切不可将湿布久置于密闭容器中，以免发热或霉变。室内假植不宜超过 15～20 天，需在其萌发生根前下地。

测定显示，充实饱满的凤丹牡丹种子约为3 000粒/千克，如果超过3 500粒/千克时，说明该批种子中秕粒较多；如果少于2 800粒/千克，则是由于种子不干，含水率较高。1千克种子浸泡一昼夜能吸水0.4千克。

裂叶紫斑牡丹种子要小些，在兰州测定，饱满种子千粒重约270克，1千克种子3 600～4 000粒（陈德忠，2003）。

3. 播种方法　播种时土壤要有适宜的墒情（田间持水量在70%左右），墒情差时要补水造墒后方可播种。

在做好的苗床上开沟播种。按20厘米的行距开沟，沟深8～10厘米，宽5厘米左右，将种子均匀撒在沟内，种子间相距1～2厘米，然后覆土3～5厘米，稍加镇压。土地平整的地块可用玉米播种机播种。适当的行距便于除草，也便于培养较大的苗木。

种子用量每亩一般不宜超过60千克。如果用种量过大，种苗过密而肥水供应不足时，会导致幼苗生长衰弱。基肥充足，出苗后加强管理，施用4次液体叶面追肥，用种量也有达到100千克/亩的。

（二）紫斑牡丹的播种

紫斑牡丹产区大多海拔较高（1 600～2 100米），种子成熟期偏晚，多在8月下旬，虽可采后即播，但因入秋后气温、地温下降较快，不能满足种子完成后熟过程的温度要求，种子入冬前多不能萌动生根，翌年春天只有少量种子萌发出土。因此当地群众常将当年采收的种子放入土罐中埋入地下过冬，翌年秋天再取出播种，这样就延长了育苗时间。为了使紫斑牡丹种子当年能萌动生根，可以采用以下方法：

1. 采用GA_3处理　种子采下后即用GA_3 300～500毫克/升处理12小时，然后播种。播后覆膜，播种地搭小拱棚保温，减缓土地的降温过程。

2. 建立适宜采种基地　在海拔较低（1 500米以下）或气温较高的地方建采种基地，使种子提前到7月底8月初成熟，以利于提前播种。

在陕西眉县、杨凌等地，紫斑牡丹种子成熟较早，可以采下即播。在河南洛阳，种子采下后经温水浸种，或用200毫克/升GA_3浸泡1天后层积处理，待大部分种子露白后再播，效果也较好（魏春梅，2016）。有些地方播种时拌以草木灰，也有一定效果。

四、田间管理

（一）苗期管理

播种后30～40天种子萌动生根，入冬前幼根可达10厘米或更长。冬季天气干燥的地方，可在播种后覆膜保墒，在幼苗出土前除去。育苗量不大时也可在圃地上覆盖2～3厘米厚的稻草或茅草，保护越冬。翌年2月底至3月初，种子经过冬季低温解除上胚轴休眠后，胚芽萌发陆续出土。

幼苗叶片展开，春季气温上升到18℃以上时，是幼苗快速生长期。此时，应注意真菌性病害的发生和危害。可以将杀菌剂、叶面肥（氨基酸液体肥、0.3％磷酸二氢钾等）、生长促进剂配合使用或者单独使用，在生长期内连续使用3次，有较好效果。

牡丹一年生幼苗（图3-2）长势弱，根系入土不深（20～25厘米），宜在生长期适度遮阴，可搭荫棚等遮阴措施。如无遮阴，入夏后强烈的阳光常使幼苗叶片焦枯，影响幼苗生长。

图3-2　油用凤丹牡丹一年生苗

播种前未采取除草措施的地段，最好在播种后杂草开始生长前，对未覆膜地块喷洒一次乙草胺（按使用说明使用），进行土壤封闭，以控制草害的发生。

幼苗生长期内，应及时松土除草。

（二）苗木出圃

油用牡丹的苗木可以培育1～3年，应以培育二年生以上苗木（图3-3）为宜。根据栽植需要于秋季出圃。

图3-3 油用凤丹牡丹二年生苗

油用牡丹各年龄段的苗木质量应达到国家标准（表3-2），参考LY/T 1665—2006《牡丹苗木质量》。根据表中所列标准进行分级，一、二级苗用于栽植，等外苗宜另做处理。

苗木根据标准分级后，按一定株数捆扎，然后送往栽植地。不能及时运走的苗木应加以覆盖，或对根系实行覆土等保护措施。

表 3-2　牡丹苗木质量指标

项　目			等级	
			一级	二级
一年生	枝条	数量/枝	≥1	≥1
		实存长度/厘米	≥5	≥4
		直径/厘米	≥0.35	≥0.25
	根	数量/条	≥1	≥1
		长度/厘米	≥15	≥12
		直径/厘米	≥0.5	≥0.4
	芽	数量	每枝条上至少有1个主芽	
		饱满度	饱满	
二年生	枝条	数量/枝	≥1	≥1
		实存长度/厘米	≥8	≥6
		直径/厘米	≥0.5	≥0.4
	根	数量/条	≥1	≥1
		长度/厘米	≥20	≥18
		直径/厘米	≥1.0	≥0.8
	芽	数量	每枝条上至少有1个主芽	
		饱满度	饱满	
三年生	枝条	数量/枝	≥2	≥1
		实存长度/厘米	≥12	≥8
		直径/厘米	≥0.7	≥0.5
	根	数量/条	≥2	≥1
		长度/厘米	≥25	≥22
		直径/厘米	≥1.2	≥1.0
	芽	数量	每枝条上至少有1个主芽	
		饱满度	饱满	

第四章
油用牡丹的栽培技术

第一节　油用牡丹栽培技术要点

一、园地建设

（一）地点选择

种植和发展油用牡丹，首先要讲适地适树，因而地点的选择至关重要。适地适树中的"地"，一是指地区，即栽培地区的气候条件要适宜，这在本书第二章做了分析。二是指具体的建园地点。在建园地点选择中，首先要注意土地（土壤）和水源条件，然后是交通以及其他相关的自然条件和社会条件。

油用牡丹栽培地要满足以下要求：①土层深厚。一般土层深度应在 80 厘米以上。②土壤应具有一定肥力。如果肥力一般或者很低，就要考虑是否能创造条件进行土壤改良。③土壤质地疏松，透气性好。一般以偏沙性的壤土较好。④在丘陵山地，坡度宜在 25°以下。⑤土壤质地过于黏重，地下水位高，以及低洼地、重茬地均不适宜。此外，种过西瓜等前作的地块也不宜用来栽种牡丹。石灰岩山地发育起来的土壤，尤其适宜油用牡丹种植。

鉴于栽种油用牡丹土地选择的重要性，下面介绍蒋立昶（2017）根据 1964—1986 年在菏泽试种凤丹牡丹的经验，对黄泛区冲积平原发展油用牡丹时在土地选择上应注意的几个问题。

1. *微地貌*　微地貌影响地表和浅层地下水的运动，影响沉积物的沉积环境，综合反映土粒分布规律。在黄泛冲积平原栽种油用牡丹的土地应利于排灌，宜优先选垄岗高地、缓平坡地，避开背河洼地及碟形洼地等微地貌类型。

2. **潜水位** 常年地下水位一般应在 1.5 米以下。如潜水位过浅，地面蒸发量过大，长久蒸发水走盐留，土壤积盐严重，影响牡丹正常生长；同时潜水位过浅，还影响牡丹根系下扎，影响牡丹生长寿命。

3. **土体结构** 不同土体构型严重影响水分、养分在土壤中的储存、迁移以及牡丹根系生长，在相当程度上决定着土壤的肥力水平和牡丹籽的产量。种植油用牡丹优先选择通体（即包含表土、心土及底层）为壤土、沙壤土或通体沙壤相间的土体构型。也可选用上层土壤较好，而中下层（心土层、底土层）土层中有约 30 厘米的黏性土（俗称胶泥土）夹层。这样的夹层可以阻止牡丹根下扎，免遭深层盐碱土的危害。

4. **土壤质地** 肥沃的土地不仅要求耕层的质地良好，还要求有一定的厚度。油用牡丹应优先选用深层为壤质粉沙土（俗称轻沙地）和粉沙质土壤（俗称两合土或半沙半淤土）。改良后的黏土保水、保肥强，也是高产牡丹的理想选择。

5. **土壤营养** 土壤中能直接或经转化后被牡丹根系吸收的矿质营养成分，包括氮（N）、磷（P）、钾（K）、钙（Ca）、镁（Mg）、硫（S）、铁（Fe）、硼（B）、钼（Mo）、锌（Zn）、锰（Mn）、铜（Cu）、氯（Cl）等元素。在自然界土壤中，主要来源于土壤矿物质和土壤有机质，其次是大气降水、地下水。在耕作土壤中，还来源于施肥和灌溉。据 20 世纪 80 年代的调查，菏泽市赵楼、小留、定陶陈集的牡丹优势产区，土壤心土层和表土层的有效磷明显高于非优势区（$P < 0.01$）。

自选择建园地点除注意立地条件外，还应特别注意不要与高效粮田争地。应结合小流域治理、荒山荒滩改造、植被恢复通道绿化美化、绿地与生态工程建设、林果间作套种等项目，首选土地租金便宜或不急于追求经济效益的地头，进行高效种植。据近年来在洛阳市的调查。所谓粮田好地并不见得产量就高，凤丹牡丹在肥沃的水浇平地产量还不如丘陵山地。如该市洛宁县长水镇油用牡丹亩产可达 200 千克以上，而市郊伊滨区亩产仅 25～20 千克（吴敬需，2019）。

（二）园区规划与土地准备

1. **园区规划** 准备用作牡丹栽培的土地确定后，首先对园区的自然条件和周围经济社会条件进行一次详细调查，以 1/2 000 地形图为基础，做好园区规划，按 30~50 亩面积区划作业小区与作业道。作业道应便于农用汽车与农业机具的行驶，便于安排灌溉管网或渠道，根据地形规划排洪系统，同时考虑如何便于今后分户承包经营等。

风沙较大的地方应考虑设置防护林带。

无论南北各地都有旱涝情况发生，必须注意排灌系统的建设。在年降水量低于 500 毫米地区，更应考虑灌溉设施和相应的节水灌溉模式。

2. 土地准备

1）中等以上肥力的土地　对于即将栽植牡丹的土地要做好一系列准备工作：①清除杂草。在整地之前，对于杂草、灌丛一定要全面清除，面积大、杂草种类多的地块可以用广谱灭生性除草剂。局部具有地下根茎、块茎的恶性杂草，可在第一次使用后 2~3 天、当其叶片还有吸收能力时，再喷洒 1 次。②深耕翻晒。在完成灭草作业后，土壤要深耕翻晒，深度 40~50 厘米。翻耕作业要在晴朗天气进行，既促进土壤熟化，也可通过暴晒灭杀虫卵与病菌。③细致整地。在牡丹种植前，土地应施以基肥，然后浅耕耙糖，根据南北各地情况，或起垄，或做床，开好排水沟等，准备栽植。

2）肥力较差的土地　对于肥力低下的土地，特别是新造耕地中的"粗骨土"，基本上没有土壤结构，土壤有机质相当缺乏。这类土地一定要经过土壤改良后再栽种牡丹。

牡丹根系较深，栽种后再来改良土壤，会给操作带来许多不便，无形中加大了投入。这类土地如不注意土壤改良，不可能有好的种植前景。如需改良，可以先栽种绿肥，结合有机肥特别是有机碳肥的施用，逐步改善土壤结构，增强肥力。

3. 工作预案　在完成园区规划和必要的基本建设后，大面积油用牡丹栽植需要提前做好预案。除土地准备外，对于苗木来源和质量要提前调查了解，对在规定期限内完成栽植所需劳力，也需要预做安排，并提前进行技术培训等。

我国南北气候土壤条件差异较大，苗木宜就近培育，不宜远距离调运，尤其不宜将北方苗木大量调运南方栽植。

二、良种壮苗

（一）良种工作是油用牡丹发展的第一要务

发展油用牡丹生产首先要抓良种。适应南北各地生长环境，遗传性状稳定具有丰产特性的油用牡丹良种，是油用牡丹实现高产、稳产的基础和前提。当前应尽量利用现有基础加快良种选育工作的步伐。

各地良种选育工作已取得初步成效。湖北省林业科学研究院陈慧玲等对湖北各地栽植12年以上的紫斑牡丹（全缘叶亚种）和引种的铜陵凤丹牡丹的调查发现，保康紫斑牡丹在该省中高海拔山地（1 100～1 600米）生长良好，花大香浓（花朵直径达24厘米），结实性强。大龄植株平均高1.7米，平均冠幅在1.57米以上。其单株结果量达13.4～16个，单株种子产量可达307～399克，单个聚合果种子数71.4～74.9粒，种子含油率30.67%～31.77%。而在海拔50～100米的平原地区，上述指标大幅降低。不过，平原区的铜陵凤丹牡丹却比保康紫斑牡丹表现更好，比原产地铜陵也表现出更强的结籽能力和生长优势，种子含油率也很高（31.36%），且株型较为紧凑，冠幅较小，适于发展。湖北已将保康紫斑牡丹定为良种，在适生地区推广。甘肃临洮紫斑牡丹繁育研究中心康仲英也发现当地紫斑牡丹（裂叶亚种）部分原始品种具有丰产潜力。

菏泽瑞璞牡丹产业科技发展有限公司赵孝庆等从2003年即开始注意从中原牡丹单瓣品种，以及凤丹牡丹系列、紫斑牡丹系列单瓣品种中选择性状优良的单株进行杂交，并在杂交后代中进一步筛选、扩繁和观察测试。2014年年底鉴定了瑞璞1号等良种3个。

中国科学院植物研究所王亮生、李珊珊等从引种到北京的中原品种、西北品种中，初步筛选出'琉璃贯珠''红冠玉佩''精神焕发'等6个种子含油率高的候选品种。

菏泽从百花园现有品种中筛选出13个具有丰产潜力的品种。王占营等（2014）从21个结实性强的甘肃紫斑牡丹品种中，筛选出6个结实量超过凤丹牡丹的品种。此外安徽铜陵还开展了群众性的选优工作，经过优选的单株或优良无性系已单独建园，以便开展进一步优选。应用这些经过初步改良的优势株建立第一代种子园或采种圃，并利用采种圃生产的种子培养优质苗木，这是近期提高油用牡丹增产潜力的重要举措。

此外，优良种源的种子生产也值得关注。西北农林科技大学的调查显示，不同产地的凤丹牡丹种子，其脂肪酸主要成分含量之间也有着较大差异，从而对产品的品质有着重要影响。当然，这里有一个重要问题值得关注，即海拔700~1 108米的陕西彬县、旬阳和凤县一带，凤丹牡丹种子的总脂肪酸含量较高，而海拔较低的山东聊城（海拔50米）和河南洛阳（海拔250米），凤丹牡丹种子中的脂肪酸含量则相对较低。脂肪酸含量的变化是由其遗传因素决定的，还是由海拔等环境因子和气候条件的变化引起的，尚有待进一步分析研究。

由西北农林科技大学主持的"油田牡丹新品种选育及综合利用与示范"项目组初步选育并推荐了一些油用牡丹新品种，属于凤丹牡丹系列的有'祥丰''春雨'，属于紫斑牡丹系列的有'秦汉紫斑''甘二乔''蓝紫托桂''白蝶''粉面桃花'等（见《中国油用牡丹研究》，2019，中国林业出版社）。不过，迄今为止，所有新选育品种都没有进行过区域试验和综合评价，工作需要继续深入。

（二）提倡大苗、壮苗建园，能够早期获益

在油用牡丹发展中，我们提倡用壮苗建园，并且最好用3年及以上大苗建园。

苗木大小及长势对栽植后最初二三年的生长影响很大。弱小的一、二年生苗虽然价格较低，但栽植后如管理不到位，则需要较长时间才能恢复长势。栽培后二三年内没有产量，无形中加大了资金投入，因而提倡用符合国家牡丹苗木质量标准中的二年以上的一、二级苗适时栽植，以争取栽植后苗木能保持较好的长势。栽植后翌年（株龄4~5年）就开始获得产量，有所收益，同时可以节省不少前期管理费用。

三、适时栽植

（一）重要意义

牡丹苗木能否在秋季最适宜的时间内栽植，将决定所植苗木能否在当年及时长出较长新根，使翌年春天苗木能继续原有长势而没有缓苗期，这一点非常重要。这等于在和时间赛跑，适时早栽就等于抢回了一两年时间。

苗木从夏末秋初开始进入生根高峰。而苗木出圃后，较细的须根特别是毛

细根都会干死而不再发挥作用。苗木适时栽植会在适宜的土壤环境中很快恢复根系生长，使当年秋发新根达到 10 厘米以上，翌年生长必然旺盛。

（二）栽植时期

苗木适宜栽植时期应根据当地气候、海拔等决定。北方栽植宜稍早，即在 9 月下旬至 10 月上旬；南方栽植宜稍晚，即 10 月上中旬，最迟到 10 月底至 11 月上旬。如栽植过晚又不采取覆膜等保温保墒措施，则效果会很差。此外，海拔高处宜早，海拔低处稍晚。新栽牡丹要做到根动芽不动，即新栽植的植株在入冬前根系要有一定的生长量，而芽要到翌年春天才萌动。栽植后未能生根的苗木翌年往往生长衰弱而难以越夏。

在我国"三北"地区，即东北、华北、西北地区，冬季漫长。这一带紫斑牡丹也可放在 3 月底至 4 月初苗木未萌动前栽植。

（三）苗木选择与处理

1. 苗木选择　定植所用凤丹牡丹及油用紫斑牡丹苗一定要选符合国家标准的二年以上一级苗。最好选用三年生苗定植。苗木来源应从异地购苗逐步过渡到就近育苗。

2. 苗木处理　三年及以上苗木栽植前，宜短截，然后进行消毒处理。短截后栽植，有利于根系的恢复与刺激根颈部潜伏芽的萌发。有助于苗木形成较多主枝。

2014 年在铜陵进行的对比试验显示，苗木是否短截（或平茬），其分枝数量与当年生枝长势等方面都存在明显差异（表 4-1）。

对观测数据进行多重比较发现，植株当年生枝数和萌蘖芽数极显著高于对照，当年生枝平均达 3 个，萌蘖芽数 4 个左右，而不平茬仅产生 1 个新枝和近 1 个萌蘖芽。经过与不平茬进行独立样本 T 检验发现，平茬处理与不平茬处理具有极显著差异。

如果栽植时所用苗木较小，那就要在栽植一二年后再进行平茬。凤丹牡丹和紫斑牡丹植株直立性均较强，不平茬时，植株往往生长成独干，基部分枝很少。

苗木栽植前可用多菌灵加甲基硫菌灵等杀菌剂进行消毒处理（请参照使用说明操作）。对于植株上携带的各种病原菌以及线虫等有很好的杀灭作用。

表 4 - 1 平茬处理对凤丹牡丹植株生长状况的影响

株龄/年	处理方式	株高/厘米	冠幅/厘米	当年生枝长/厘米	当年生枝数/(个/株)	萌蘖芽数/(个/株)
2+1	不平茬	24.80±0.93	29.33×44.47	10.47±1.94	1.00a	0.67±0.19a
	平茬	27.33±2.03	28.33×45.73	10.53±1.46	2.93±0.21b	4.07±0.28b
	平茬	24.87±1.99	31.40×46.87	10.13±2.38	2.86±0.24b	3.93±0.27b
2+2	不平茬	46.73±2.87	44.27×53.27	32.00±2.40	1.00a	0.79±0.28a
	平茬	44.20±2.18	46.26×53.07	36.00±1.71	2.89±0.04b	3.67±0.21b
	平茬	37.13±1.46	40.20×48.40	31.87±2.03	2.76±0.21b	3.86±0.28b

注：小写字母表示达到 0.01 的显著水平。

（四）苗木栽植

苗木栽植应依据具体情况采取不同的操作方式。

1. 挖穴栽植 三年及以上较大的苗木需要挖穴栽植。注意根系舒展，北方栽植牡丹要踏实，使根系与土壤紧密接触，栽后浇定根水；南方在土壤潮湿时种植，按实即可。

2. 开缝栽植 如果土地整好，已经施以基肥，也可以用直锹直接插入土中，开出宽 15 厘米，深 25～30 厘米的栽植缝，将苗木放入，注意根系舒展，将直锹拔出后适当踏实。这样大面积栽植进度较快。

平原地区种植一、二年生幼苗时可进行机械化作业。

四、合理密度

（一）密度过高并不能获得丰产

无论是凤丹牡丹还是紫斑牡丹，其单个植株都可以有很大的体量。2016 年 5 月，我们在甘肃临夏市北塬一农户家中，发现有占地近 20 米^2 的紫斑牡丹单株

（图4-1）。在山西古县，一株紫斑牡丹古树树冠周径达5.5米，开花曾达500余朵（图4-2）。然而这些牡丹在成片栽植时，个体生存空间大大缩小，个体与群体之间形成了既相互联系又相互制约的关系。虽然个体是群体的组成单位，但是群体中的个体已不同于单独的个体。单独生长的个体其生长状况和产量高低，不能与群体中生长的个体相对应，因而利用单株产量来推算单位面积产量是很不准确的。

图4-1 甘肃临夏市北塬的紫斑牡丹

图4-2 山西古县古牡丹

一般而言，栽植密度小，有利于个体生长，但不能充分利用土地和节能。对牡丹而言，意味着2～3年单位面积产量不高或几乎没有产量；若种植密度大，虽然初期会取得单位面积产量较高的效果，但随着个体的增大，则会导致群体生产力逐渐递减，产量下降。这是由于种植密度的差异不仅影响个体的生长，还会影响群体的透光性和通风性，使作物的光合作用效果受到影响；同时，土温、水温及二氧化碳浓度等群体内环境因子也会发生变化。这些变化又会影响到土壤中有机物质的分解和微生物的活动，病虫害的传播蔓延等。只有种植密度合理，形成高产的群体结构，个体和群体的矛盾协调得好，使得叶层受光态势好，功能期稳定，光合效能大，物质积累多，转运效率高，才能取得较好的单位面积产量。

安徽铜陵凤丹牡丹产区由药用栽培转向油用栽培时，密度达4 000～5 000株/亩，但单位面积种子产量并没有随着密度的增加而提高，有时还适得其反。

我们在2013—2014年在各地由药用转油用的凤丹牡丹地里实测产量（表4-2），这些地块密度基本上是3 000～5 000株/亩。

表4-2　部分地区高密度凤丹牡丹田结实情况

株龄/年	单位面积产量/（千克/亩）			
	菏泽	亳州	铜陵	邵阳
4	23.41	56.72	7.93	—
5	—	132.00	32.99	12.93
6	—	134.58	56.64	17.53
9	167.82	—	79.64	—

（二）合理栽植密度的确定

合理栽植密度的确定应从各地具体情况出发，综合考虑土地肥力、苗木大小、耕作方式（如是否采用小型农机具进行中耕除草、施肥、喷洒农药等）以及是否间作套种等。

一般有以下2种方式：

1. 先密后稀　当苗木较小时，初植密度较大，然后逐步间稀。优点是初期苗木投入较少，还可借以获得较高质量和生产较大的牡丹苗木。但操作较为烦琐，间挖苗木会伤害留下的植株并有根系残留，污染土壤。

初植密度宜为 3 000 株/亩。2～3 年后隔一行挖一行,将株数调整到 1 500 株/亩左右;再生长 2～3 年,隔一株挖一株,最后为 600～800 株/亩,株行距 0.8～1.0 米。也可采用宽窄行栽植,宽行行距 0.8～1.0(1.2)米,窄行行距 0.4～0.6 米。南方多为垄栽,宽垄上栽植 2 行,但雨水多的地方,垄上只宜栽植 1 行。

平地大面积栽植时应考虑机械化操作,行距不应小于 0.8 米。

2. 一步到位 当苗木较大时,宜用较大株行距,一次定植到位,其特点是一次投入较高而见效快。如用五年生苗木,800～1 000 株/亩,适时栽植以缩短缓苗期,只需经过 1 年恢复和调整,即可形成较高的产量。一般 3 年及 3 年以上的苗木也可采用这种方式。

根据山东菏泽地区 1964—1985 年引种试种凤丹牡丹的经验,在适宜的土、肥、水及其他管理条件下,凤丹牡丹三年生苗可初见花结籽,大田栽种 5～8 年开始进入盛果期,12～15 年可进入高产稳产期,这时期合理的株行距为 80 厘米×80 厘米或 70 厘米×80 厘米,每亩 1 100～1 300 棵,这样的密度一般亩产籽 600 千克左右(育苗用种)。

为解决油用牡丹栽后 5 年内花少果稀产量低的问题和有效利用土地、减轻杂草丛生、降低管理成本,栽种时要采用先密后稀逐步合理调整密度,即栽时适当密植,栽后 2～3 年或 5～8 年牡丹棵大枝稠、株行距逐年变小、生长相互影响时,再用一次或几次隔一株(行)挖一株(行)的办法合理调整密度,最后达到油用牡丹丰产稳产时期的最佳密度,即每亩 600～800 棵。

五、间作套种与立体种植

(一)意义和作用

在油用牡丹大田栽培中,应用间作套种或立体种植方式,如果牡丹栽植苗较小,从种植到其开花结实前可能有 2～3 年的无收益期,此时在行间栽植一二年生经济作物,在对这些作物进行管理,也是对牡丹苗进行管理,同时又可取得一定的经济收入。如果栽植苗木较大(三年及以上),定植 1 年后就可形成产量,就不用考虑间作了。

立体种植是指牡丹种植园中,在同一地块上再种植 1 种或 2 种多年生作物,从而将空间生态位不同的作物进行组合，形成人工复合群体，使其在高矮、株型等形态特征和生理需光特性等方面相互补充，既满足牡丹适度遮阴的要求，又充分利用空间增加密度，从而提高单位面积上光、热、水及土地资源利用效率，取得稳产保收的效果。

牡丹需要充分的阳光，但也耐适当荫蔽，即上半日接受阳光，而下半日给予适当荫蔽，这样对牡丹最为有利。在牡丹光合生理特性研究中，发现夏日中午强光下，普遍存在光合"午休"现象。此外，当气温上升到35℃以上，且当土壤中有效水分供给不足时，会发生日灼现象，使牡丹叶片受到伤害。在南北各地常见病害、日灼叠加导致牡丹早期落叶现象发生。如果落叶较早，又可能导致"秋发"。牡丹早期落叶，光合产物积累不足，又会影响到翌年的开花和授粉受精过程，导致结实量减少。在铜陵进行的遮阴试验显示，当遮阴度达60%时，处理植株较对照绿叶期延长19天，落叶期延长15天。不过60%遮阴度显然偏高，千万注意，过度遮阴对油用牡丹的生长及开花结实会产生不利影响！

张曙光等（2010）研究遮阴对牡丹光合作用特性的影响后，认为牡丹生长应适度遮阴。在河南洛阳一带，30%的遮阴度净光合积累最高。张衷华等（2014）在安徽铜陵凤丹牡丹产区，选取坡地、林缘、空旷地3种生境条件，研究其光合特性及微环境因子间的相互影响。2013年8月的测定显示，凤丹牡丹在林缘或林窗环境下，具有最大的净光合速率。在田间，光照是和温度、湿度协同作用于植物体的，三者之间最佳组合能够取得最佳净光合积累的作用。而林缘或林窗这样的林地环境，能给牡丹提供适宜的遮阴和相对较高的湿度，有利于延长牡丹的生长期和抵御适度干旱，而达到最大的生物量积累。

（二）适用作物种类的选择

选择牡丹种植园的间作物应掌握以下原则：①间作物不能与牡丹急剧争夺水分、养分。②间作物能在土壤中积累养分物质，并对形成土壤团粒结构有利。③间作物能更好地抑制牡丹种植园杂草生长。④间作物不与牡丹发生共同的病虫害。

按照以上要求，对于那些只在定植后2～3年内实行间作的牡丹种植园而言，可采用豆科作物、蔬菜或一二年生药用植物。

豆科作物可选择红小豆、大豆、绿豆以及芝麻等。

蔬菜作物可选择大蒜、洋葱等。

一二年生药用植物可用白术、玄参、板蓝根、生地、知母、天南星等。在甘肃中部海拔较高地区可考虑当归、党参、黄芪等。

适于安排立体种植的木本植物种类：①大型乔木，如泡桐、香椿、栾树、银杏。②观赏树木，如樱花、紫叶李、紫薇等。③经济果木，如枣、梨、杏、李、文冠果等。

(三)"上乔下灌"的栽培模式

一些乔木、亚乔木树种与牡丹的间作或者立体种植实际上都属这一种栽培模式。不过在探索立体种植的混交模式中，陕西杨凌金山农业科技有限公司在杨凌示范基地创造了文冠果与凤丹牡丹混交的栽培模式（图4-3），取得显著的经济生态效益，值得在半湿润半干旱地区推广。

文冠果是无患子科文冠果属木本植物。历来认为文冠果花多果少，产量不高。但陕西杨凌金山农业科技有限公司坚持多年良种选育工作，已选出'文冠一号'（图4-4）等几个丰产的文冠果良种，取得重要突破。'文冠一号'树势强，嫁接苗第二年即开始结果，第五年时进入丰产期，比普通文冠果提前3～4年。'文冠一号'不仅丰产，且种子含油率也高，其不饱和脂肪酸含量高达94%，其中亚麻酸占37%～42%。大小年不明显，抗逆性强。在金山农业科技有限公司杨凌示范基地，'文冠一号'初植密度110株/亩（株行距2米×3米），同时行间栽植三年生油用凤丹牡丹1 500株/亩（株行距0.8米×0.4米），2年后每亩可收获文冠果籽150千克，牡丹籽100千克，第五年每亩收获文冠果籽500千克，牡丹籽200千克，取得可观的经济效益。但此后文冠果需间稀到55株/亩，凤丹牡丹亦需相应间稀。

图4-3　文冠果与凤丹牡丹的混交栽培模式

图 4-4 '文冠一号'

文冠果的分布及其生态习性、繁殖栽培技术要点如下：

文冠果原产我国北部，在河北、山东、山西、陕西、河南、甘肃、辽宁及内蒙古等地有分布，在黄土高原丘陵沟壑地区由低山至海拔 1 500 米地带常可见到。

文冠果喜光，也耐半阴；耐严寒和干旱，不耐涝；对土壤要求不严，但以深厚、肥沃、湿润而通气良好的土壤生长最好。深根性，主根发达，萌蘖力强，3～4 年即可开花结果。

文冠果普通苗木主要用播种法繁殖。一般在 8～9 月果熟后采收，取出种子即播，也可用湿沙层积储藏越冬，翌年早春播种。因幼苗怕水涝，一般采用高畦播种，行距约 60 厘米，覆土厚 2 厘米，稍加镇压，灌一次透水。种子发芽率为 80％～90％。幼苗期要稍加遮阴，雨季要注意排涝，防止倒伏。在抚育期间要适当多施追肥，以克服间歇封顶现象。幼苗生长缓慢，一年生苗高 30～50 厘米。二至三年生苗即要注意修剪，以养成良好的树形。四至五年生苗可出圃定植。文冠果根系愈伤能力较差，故移植时必须充分注意。其病虫害较少，栽培管理比较简单。一般在土地上冻前进行冬灌，以利早春保墒。在花谢后适当灌水可以减少落果。但雨季要注意排水，防止烂根。花后对过密枝、斜乱枝及枯枝要加以适当修剪。文冠果花序大而花朵密，春天白花满树，且有秀丽光洁的

57

绿叶相衬，更显美观，花期可持续 20 余天，并有紫花品种。是优良的观赏兼木本油料树种。

文冠果良种需要用嫁接繁殖。陕西杨凌等地嫁接宜在 4 月初进行。高接换头需用枝接。以实生苗为砧嫁接宜用芽接，1 周后即可愈合，当年抽枝生长。文冠果种仁含油率 50％～70％，油质好，可供食用和医药、化工用。种子嫩时白色，甜香可食，味如莲子。木材坚实致密，褐色，纹理美，可制家具、器具等。花为蜜源。嫩叶可代茶。

六、授粉树配置与人工辅助授粉

多年观察显示，油用牡丹产量的提高不仅有赖于良好的田间管理，也有赖于花期的高授粉效率。

(一) 授粉树配置

牡丹是异花授粉植物，自花授粉结实率很低。近年来，各地杂交试验中，发现牡丹不同品种群与不同品种间杂交，一些优良杂交组合可以大大提高结实率与种子萌芽率。如以凤丹牡丹，自花授粉结实率为 19.13 粒/朵；而以中原品种'贵妃插翠'授粉的结实率为 33.33 粒/朵，以'洛阳红'授粉的结实率为 31.15 粒/朵；以日本品种'黑龙锦'授粉的结实率为 35.89 粒/朵，以'新日月锦'授粉的结实率为 30.68 粒/朵；以紫斑牡丹实生'紫斑 1 号'授粉的结实率为 32.57 粒/朵；均大大超过自花授粉结实率（王新等，2016）。而在 31 种洛阳的西北紫斑牡丹品种中，与中原品种较好的杂交组合有'熊猫'×'十八号'（前者为母本，后者为父本，结实率 42.1 粒/朵，以下标准单位相同）。'黄河'×'景玉'（39.0 粒/朵）；与日本品种较好的组合有'粉玉清光'×'岛大臣'（37.0 粒/朵）。'蓝番薇'×'太阳'（25.6 粒/朵）（王二强等，2015）。康仲英（2016）在甘肃临洮紫斑牡丹品种与凤丹牡丹混植地块中发现，原来在临洮结实情况不好且抗性较弱的凤丹牡丹结实率大大提高，且籽粒饱满，杂种实生苗也表现出较好的结实能力和较强的适应性，原来根腐病严重的情况有较大改善。因而进一步通过试验后，在油用牡丹种植园进行授粉树配置，将是提高产量的一项重要措施。

授粉品种应具备以下条件：①与主栽品种花期相同，并且能产生大量发芽率高的花粉。②与主栽品种亲和力强，且能相互授粉，二者果实成熟期也相近。

授粉树的配置需要考虑以下几点：①授粉树与主栽品种的距离依传粉媒介而定，以蜜蜂为主要传粉媒介时，传粉品种与主栽品种最佳距离以不超过 60 米为宜。②授粉树一般做行列的配置，间隔行数及比例依授粉树品种性状决定，如果经济性状与主栽品种相同，且相互授粉结实率都高时，可等量配置；如果授粉品种经济性状不及主栽品种，但仍适宜做授粉树时，则在保证授粉效率的前提下，低量配置。

（二）人工辅助授粉

在现有栽培条件下，对大田油用牡丹花期实施人工辅助授粉，对提高产量会起到积极的作用。

2014 年牡丹花期，我们在铜陵凤凰山开展了相关试验。选取生长开花相对一致的地块进行不同授粉处理。从试验结果看，良好的授粉条件能使凤丹牡丹结实率提高 1 倍多。但人工授粉工作效率较低且目前使用的果树授粉器需要加以改进，授粉次数需要增加，效果才会好。目前已有经改进的采粉器和授粉器用以采粉和授粉，经菏泽瑞璞牡丹产业科技发展有限公司试用，效果良好，相当于人工授粉效率的 8 倍（赵孝庆，2020）。

花期放蜂有助于提高结实率。刘政安（2016）在河南沁阳等地试验，凤丹牡丹花期放蜂，有明显提高产量的效果（表 4-3）。

表 4-3　五年生凤丹牡丹不同授粉方式处理结果*

处　　理	蜜蜂 1	蜜蜂 2	人工 1	人工 2	对照
果实产量/（千克/亩）	452.9	371.3	384.6	340.2	231.4

注：*该试验有如下处理，在用网纱控制的 60 米² 牡丹地内放 2 箱蜂（蜜蜂 1）或 1 箱蜂（蜜蜂 2）；用人工直接授粉（人工 1）或用授粉器授粉（人工 2）。

七、除草保墒与覆盖栽培

（一）除草保墒

杂草治理是油用牡丹大田栽培中的一个难点，但又是一项重要的增产措施。如果面积大，管理不及时，则雨季来临后，田间杂草疯长，会严重影响种子产量和质量，造成严重损失。因此，在栽植牡丹前，要注意采取有力措施，把草害压住。此后，在生长季节，只要有杂草生长，就要及早清除，掌握除早、除小的原则。

清除杂草有以下几种方法：

1. 人工中耕除草　这是传统的栽培技术，人工中耕除草既防治草害，又疏松土壤，有利于保墒。缺点是劳动效率低，劳务成本高。

2. 小型机械除草　在株行距适合的地块应尽量采用农用小型机械，每个工日可除草几十亩，效率高，效果好。

3. 除草剂灭草　选择适合的除草剂灭草是大型种植园灭草途径之一，掌握方法后适度使用，也可取得较好效果。但使用次数过多对牡丹生长不利，并且会污染土壤环境。

4. 生物除草　近年来有些种植园采用以下家禽养殖法除草，取得一定成效，也积累了一些经验，需要进一步总结，如山东洛宁四季园苗木公司在女贞树下种牡丹，然后在牡丹园中养鹅等，据观察，鹅等家禽不危害牡丹，啄食杂草，而排出的粪便能肥地。但养殖数量要控制，每亩园地能容纳 10 只鹅，每只鹅每天需 1.5～20 千克杂草。最好使用圈养法，分地块循环圈养效果更好，能取得较为显著的经济效益。

（二）覆盖栽培

地面覆盖不仅可以抑制杂草滋生，而且兼有保水、保肥、保土的功能。根据地面覆盖物的不同而有铺草覆盖和地膜覆盖 2 种。

1. 铺草覆盖　幼龄牡丹种植园在行间铺草是一项简单易行、效果显著的园地土壤管理作业。所用材料可以因地制宜，稻草、麦秆、豆秆、油菜秆、绿肥的茎秆和其他的山地野草均可。不过使用山地野草时，需注意在野草未结籽前刈割，以免将野草种子带入园中。各种覆盖物，特别是粗大的玉米秆、果木修剪后的枝干等宜粉碎后使用。覆盖厚度以不见土面为原则。铺草覆盖可以实现秸秆还田，增加土壤有机质，变废为宝，应大力提倡。

2. 地膜覆盖　地膜覆盖既可用于育苗，也可用于大田灭草，同时具有低温时保温、高温时降温、干旱时保湿、雨大时防潮的多重效果。

近年来，除普通白色地膜外，有色地膜及特殊功能地膜在作物栽培中得到应用和推广，并逐步应用于油用牡丹栽培。利用这类地膜科学控制特定波段的太阳光，对作物进行特别的光照，可以加快作物生长速度，改变营养成分，或调节控制环境，避免杂草和病虫害发生，从而针对性地优化了栽培环境，克服不利因素的影响，取得增产增收的效果。有色地膜种类很多，有黑、绿、银灰、蓝色、紫色等单色单面地膜，也有黑白、银黑双色双面地膜。此外，还有除草地膜、有孔地膜、银色反光地膜等。

1）黑色地膜　厚度为 0.01～0.03 毫米，透光率很低。在四川绵阳、甘肃漳县等地牡丹栽植时使用，效果较好。据观察，首先是覆膜土壤土温变化幅度小，有机质处于正常循环状态，土壤营养指标有所提高。其次是保水性较好，覆膜后地下 5 厘米含水量 2～35 天均较透明膜高 4%～10%。其三是抑制杂草能力强。据测量透光率 5% 的农用黑色地膜覆盖 1 个月后土壤表面不见杂草，10% 透光率黑色地膜覆盖下虽有杂草长出，但长势很弱，不会成灾。其用量 0.4～1.3 千克/亩。

2）绿色地膜　是利用绿色光可使植物光合作用下降的原理，让地膜透过较多的绿色光，使膜下杂草光合作用降低，以控制其生长，厚度为 0.010～0.015 毫米，增温效果较差，使用寿命较短。

3）银灰色地膜　厚度为 0.015～0.020 毫米，可反射紫外线，能驱避蚜虫和白粉虱，抑制病毒病发生，也有抑制杂草生长、保持土壤湿度等作用。

4）黑白双面地膜　由黑色、乳白色 2 种地膜两层复合而成，厚度为 0.020～0.025 毫米，用量约 0.7 千克/亩，具有降低地温、保湿、灭草、护根等功能。

5）银黑双面地膜　由银灰和黑色地膜复合而成，厚度 0.020～0.025 毫米，用量约 0.7 千克/亩，具有反光、避蚜、防病毒病、降低地温以及除草、保湿、护根等作用。

6）除草地膜　含有除草剂，在使用时除草剂析出并溶于地膜内表面凝结的水珠中，然后落入土壤中杀死杂草，药效持续时间长，效果好。

牡丹大田地膜不但要具有除草、防病、保湿等作用，还要有适当透气等功能，已有人研制了牡丹系列专用地膜，分别用于牡丹育苗与栽培，取得了良好成效。

八、水肥管理

要使油用牡丹生产获得稳定的产量和效益，加强水肥管理至关重要。

（一）适时浇水，合理灌溉

1. **油用牡丹的水分需求**　凤丹牡丹和紫斑牡丹都能耐一定程度的干旱，其中裂叶紫斑牡丹耐旱性更强。但为了保证其正常生长发育，仍然需要较好的土壤水分管理。适时浇水，不仅为了满足作物对水分的生理需求，还能改善栽培环境，改善微气候条件（如降低田间气温，提高空气湿度），满足作物对生态需水的要求。

在油用牡丹年周期中，有以下对水分较为敏感的时期：

1) 花蕾迅速膨大期　牡丹一年中从萌芽开始到花期结束，枝叶只有一次生长过程。在抽枝长蕾的同时，叶片逐渐长大。如果花蕾迅速膨大期干旱缺水，会使总叶面积减小，影响全年光合产物的积累。

2) 果实迅速生长期　牡丹花期过后，叶面积达到最大。植株逐步转入果实的生长发育、花芽分化和营养物质的积累。这一阶段正值春末夏初，是一年中单位叶面积光合产物积累最高的时期。这一时期如干旱少雨，应及时浇水。这一时期也是牡丹生长期内浇水能取得最好效果的时期。

此外，夏季高温期及入秋后二次生理高峰期的补水灌溉，也有重要作用。夏季高温期，气温达到 35 ℃以上，植株进入半休眠状态。当白天高温、强光下水分蒸发量大，叶片会处于半萎蔫状态，如果及时补充土壤水分，早晨即能够恢复正常状态。否则就会发生日灼，叶绿素遭破坏分解，甚至叶片干枯坏死。及至 8 月下旬至 9 月下旬，气温开始明显下降，温差增大，牡丹夏季休眠解除，进入一年中第二次生理高峰期，叶片光合强度又形成一个小高峰。此时果实采收，但花芽分化继续进行。这一时期土壤水分状况，对光合产物的积累、储备，对提高花芽分化的质量和翌年的成花率、结实率也有着重要影响。

在北方油用牡丹产区，冬季雨雪少，在牡丹进入休眠前后，应浇一次封冻水。

2. **发展节水灌溉**　在作物生产上一般是根据天气状况、土壤墒情并结合作物生长状况来决定是否需要灌水。一般在土壤含水量低于田间持水量的 70% 时，应予浇灌。生产上既要保证作物的正常水分需求，又要节约用水，减少管理成本。

地膜覆盖栽培模式，具有保水功能，也是干旱、半干旱地区减少田间灌溉和用水量的重要措施。地膜覆盖与喷灌、滴灌等节水灌溉设施结合起来，成效会更好。

（二）合理施肥，培肥地力

牡丹是喜肥作物，需要选用肥力较好的土壤栽植油用牡丹。如果种植园肥力一般，则需要在大田管理中注意不断改良土壤，培肥地力，这是保证油用牡丹高产、稳产的基础。

1. 合理施肥　合理施肥是在一定的气候和土壤条件下，为满足作物营养需要所采用的施肥措施，包括有机肥料和化学肥料的配合，氮、磷、钾等各种营养元素之间的比例搭配，化肥品种的选择，经济的施肥量，适宜的施肥时期和施肥方法等。合理施肥的重要判定指标是能提高肥料利用率和提高经济效益，增产增收。

肥料的施用首先要符合牡丹的需肥特性与不同生育时期的吸肥规律。同时要注意与环境养分状况以及肥料特性相适应。需要从各地实际情况出发，制定适合当地具体情况的施肥量和施肥方法。其中，确定油用牡丹计划施肥量是一个较为复杂的问题。科学合理的施肥量需要通过田间试验、结合土壤测定和作物诊断，并根据牡丹需肥规律、土壤供肥性能和肥料效益综合考虑。

肥料利用率是指施入土壤中的肥料被作物吸收的量占施入量的百分率。我国当季肥料利用率的大致范围为：氮肥表施30%，深施60%～70%；磷肥10%～15%；钾肥40%～70%；人粪尿60%；厩肥氮17%～20%，磷30%～40%，钾60%～70%；堆肥6%～10%；绿肥17%～30%。

根据西北农林科技大学油用牡丹项目组的试验（2019），当每亩施用尿素48.61千克、重过磷酸钙16.03千克、硫酸钾32.33千克时，可获得最高产量97.42千克种子；当每亩施用尿素48.25千克、重过磷酸钙15.90千克、硫酸钾30.66千克时，可获得最佳经济产量。

随着油用牡丹栽培面积的扩大，今后需要推行测土配方施肥，以及精准施肥。大型种植基地应配套建立以生产生物有机肥料为主的肥料厂。

2. 施肥次数与时间　油用牡丹定植后，在同一地块生长少则十几年，多则二三十年，因而施用基肥十分重要。从定植后第二年开始，每年施基肥1次，追肥2次。结合油用牡丹生育期具体进行如下操作：第一次在3月中上旬，此时正值新枝迅速生长和花蕾发育，以速效肥为主，氮、磷、钾比例为2∶2∶1，每亩约15千克。第二次在开花以后，5月上中旬，此期花后植株消耗养分较多，而叶片需要充分发育，果实迅速充实，花芽分化开始，是油用牡丹年生长周期中一个关键时期。此次追肥和第一次追肥量基本相同，宜减少氮肥而增加磷、钾肥。第三次在10月下旬至11月上旬，土壤封冻前，施用以有机肥为主的基肥，既可提高肥力，又有利于越冬保护。一般施用腐熟有机肥1 500千克/亩。

注意各种有机肥均需要充分腐熟方可使用，以免在土壤中腐熟时烧根（实际上是微生物耗氧过多，导致土壤缺氧引起根系死亡）。再者，未经腐熟的有机肥常招致蛴螬等地下害虫大量发生。

牡丹虽然喜肥，但土壤不宜过肥。注意氮、磷、钾比例，氮肥不宜过多，多了可能导致减产。碳酸氢铵、尿素等氮肥不宜多用，而以氮、磷、钾比例恰当的复合肥效果较好。

菏泽等地多年种植牡丹的实践证明，北方地区种植牡丹不宜大量使用化肥，更严禁施用含氯离子的碱性化肥作基肥。近年来，由山东省农业科学院、省果树所研制的牡丹生物肥，使用效果很好。该生物肥是根据牡丹对大量元素氮、磷、钾，以及钙、镁、硫和铁、锌、锰、硼、铜、钼等中微量元素的需求，同时辅以有益菌种、腐殖酸、生根剂和活性有机质配制而成。有活化土壤防板结、杀虫灭菌促生根、防黑斑病和根腐病、防早衰落叶等功效。大田栽培作基肥时，可施用36%牡丹生物肥80～100千克/亩即可（赵孝庆，2016）。

3. **适度补充微量元素** 根据各地土壤情况，适度补充微量元素，能促进油用牡丹产量提高。硼元素对植物生理过程有明显影响。如能促进碳水化合物的运输；能刺激花粉的萌发和花粉管的伸长，使授粉顺利进行；调节有机酸的形成和运转等；还能增强作物的抗旱、抗病能力并促进作物早熟。对凤丹牡丹喷施硼肥，能显著提高其种子产量。据西北农林科技大学牡丹项目组测试：当其他浓度在0.1%～0.5%时是牡丹种子千粒重随喷施浓度增加而呈现持续增加的趋势，其中以0.4%浓度的亩产量最高。研究发现，硼对牡丹籽油中各种脂肪酸含量都有影响，当硼肥浓度为0.3%时，脂肪酸总含量最高，达96.77%，α-亚麻酸含量达42.93%，牡丹籽油品质最好。

钼元素是植物体内固氮酶和硝酸还原酶的重要组成部分，能促进生物固氮、促进氮素代谢；有利于提高叶绿素含量与稳定性，保证光合作用顺利进行；还能增强抗旱、抗寒、抗病能力。当钼酸铵喷施浓度为0.08%时，牡丹净光合速率提高。

64

4. 生草技术　生草是在牡丹种植园行间种植草种的土壤管理方法，也是培肥地力的重要措施，一般应用于肥水条件较好的地区，年降水量低于 500 毫米又无灌溉条件的地区不宜采用，种植密度高的地块也不宜采用。

1）生草种类　牡丹地里生草要求植株低矮、适宜性强、耐阴、无病虫害等。种类有紫花苜蓿、毛苕子、多变小冠花、百脉根、扁茎黄芪等。后两种及绿豆、黑豆等适于北方干旱区。

2）种草时间　3～4 月地温稳定在 15°以上，或秋季 8 月下旬至 9 月。春季播种，草被可在六七月田间草荒前形成，秋播则可避免田间草荒的影响。草种直接种在牡丹行间，如为宽窄行，则只在宽行种植。

3）养护受理　当草长到一定高度或开工结实前刈割。刈割应在晴天上午，刈割高度 5～10 厘米。沟割下的草放到牡丹根部或没有生草的地块行间，晒蔫后开深 15～20 厘米的沟深埋，同时将割后的根深翻整平。

5. 培肥地力　油用牡丹的发展提倡不与粮食及其他重要作物争地，要向广阔的丘陵山地进军。而油用牡丹作为一种油籽作物，又需要有一定肥力的土地，不然，何来稳产高产？因而改良土壤、培肥地力成为油用牡丹从种植业发展中一项长期任务。怎样培肥地力？关于有机碳的理论与技术很好回答了这个问题（李瑞波等，2017）。

陕西镇安的陕西宏法牡丹产业开发有限公司牡丹地种植毛苕子，2014 年平均亩产鲜草 1 250～1 500 千克。绿肥压青地块，牡丹生长健壮，开花久，果实大，籽粒饱满，较用化肥产量高。当地采用秋播，每亩用种量均 1 千克，行距 1.2 米，距 0.4 米，每亩 1 300 穴，每穴 10～15 粒。出苗后结合牡丹田间管理搞好杂草清除，翌年在毛苕子开花前按上述方法处理。

1）植物营养代谢中，碳（C）元素是必需的基础元素　植物必需营养元素有 17 种，其中需要量最大的是碳，植物生长过程中碳元素的需求量要占到必需元素总量的 50% 以上。在植物干物质积累中，碳元素占 35% 左右，加上代谢过程中的消耗，总量也占一半以上。

自然界中的碳以三种形态存在，即单质碳、无机碳和有机碳。能被植物吸收的是其中两种碳：一是无机碳。包括二氧化碳（CO_2）和碳酸盐，碳酸盐遇水分解释放二氧化碳。二氧化碳经叶片吸收，与根系吸收的水（H_2O），在光能与叶绿素的作用下，转化成糖类，成为植物碳养分。二是有机碳。有机碳种类很多，能被植物吸收的仅是其中能溶于水的小分子有机碳。这样植物碳养分来源有两个通道：一个是叶片对二氧化碳的吸收和转化，一个是根系对土壤中小分子有机碳的直接吸收，两个通道吸收的有机碳在植物各个组织中与其他无机营养元素结合，构建有机体。而土壤有机碳还直接促进土壤微生物繁殖和根系发育，从而促进土壤有机质分解利用，促使植物营养代谢形成良性循环。碳营养形成中，叶片是主渠道，根系是辅渠道，但不可欠缺。

2）土壤碳养分来源于土壤中的有机质、土壤有机质是一个碳源　土壤有机质，包含多样有机物质，如长期不能腐解的木质素，不溶于水的腐殖质，能溶于弱碱性水的腐殖酸，能被微生物分解的纤维素和半纤维素，微生物分解产物小分子水溶有机质等。其中只有小分子水溶有机质能被植物根系吸收，而它在土壤中的动态值不到有机质的 2％，但只要土壤中有足够的有机质，这部分养分就不会枯竭，它被植物吸收利用，还会再分解出来，因而土壤有机质是一个碳源。可以用土壤有机质作为土壤肥沃程度的指标。从植物营养学和土壤生态学角度看，以 3％有机质含量作为界定耕地质量的标准。

3）土壤肥力的构成与培肥地力的措施

（1）土壤肥力的构成　土壤肥力是由物理肥力、化学肥力、生物肥力三种情况不同的肥力构成。物理肥力是指土壤物理性状对肥力的影响。优良物理性状包括适耕性好，沙黏适度，形成固粒结构，通气性好，持水力强，壤土层较厚等。化学肥力指土壤酸碱度（pH）及所含有机养分、无机养分的，丰富程度。pH 宜在 6.5～8.5，土壤有机质应大于 3％，这是形成团粒结构并能常态化为根系和土壤微生物提供有机碳营养的基础。生物肥力是指土壤中各种微生物、线虫、昆虫和植物根系分泌物的综合作用对土壤肥力的影响，适宜土壤生物学性状应具有适宜土壤微生物正常繁殖的微生态环境（疏松通气、有机质丰富），具备生物多样性。而土壤有机碳养分是形成肥力的核心物质。土壤微生物是土壤生命体的主力军，其作用就是分解有机质和分裂繁殖，使土壤中肥料再次加工转化为植物能吸收的营养。

（2）土壤改良的基础工作就是培肥地力　培肥地力的基础工作就是给土壤补充有机养分。一是将可利用的废弃有机物返回土壤，如施用腐熟有机肥等。同时配合化肥和微生物肥的使用。这中间，有机废弃物发酵工艺的改进非常关键，要将好氧高湿菌发酵最后形成矿化繁殖质的工艺，改变为使用 BFA 发酵剂，形成高碳有机肥的新工艺。二是结合常规施肥施用有机肥，可收到事半功倍的效果。

前面介绍的生草，实际上就是种植绿肥作物以增加农田有机质。由于土壤微生物分解有机质不仅需要氮能源，还需要氮养分，因而加施氮肥效果会更好。

姜天华等（2017）研究了生物与氮肥配施对牡丹氮素营养和籽粒品质的影响。生物碳是农林废弃物（如小麦秸秆）等生物质在缺氧条件下热裂解形成的富碳产物，具有孔隙结构丰富、质轻、密度小等特性。在土壤中能起到类似"海绵"的作用，进而有效改善土壤水、气、热状性。配合氮肥施用，能提高牡丹籽粒产量及其中蛋白质氨基酸和脂肪酸的含量。

目前已有多款有机碳肥面市，有机碳肥基础产品有液态有机碳肥和固态有机碳肥。这两种基础产品和微生物菌、各种高浓度化肥混配，形成多种衍生品种。如：①高碳生物有机肥，有效碳含量≥3.5%，功能菌≥$2×10^7$ 个/克。氮（N）＋磷（P_2O_5）＋钾（K_2O）≥12%，这是一款普及型多功能有机碳肥产品，一般用作基肥。当每茬作物每亩用量达到200～300千克时，可完全替代有机肥、化肥和微生物肥料。改良土壤和促进增产效果明显。②固态有机碳复混菌肥。有效碳含量≥6%，功能菌≥$2×10^7$ 个/克，氮（N）＋磷（P_2O_5）＋钾（K_2O）≥25%，这是一种绿色高效全营养的"傻瓜肥"，集高产、优质和改良土壤抑制土传病害于一体的高效多功能肥，可作基肥，也可作追肥，作追肥时应埋施并浇水以迅速发挥微生物的作用，每茬每亩用量80～150千克。

九、整形修剪

（一）意义和作用

牡丹作为油料作物栽培时，需要培养一定的树形。通过整形修剪，可使牡丹树体形成较为牢固的骨架，以承受所结果实的重量。测定显示，凤丹牡丹聚合蓇葖果成熟时，大的单果重量可达110克以上，一般在60～80克。植株结果较多时往往"头重脚轻"，易于被大风折断或倒伏。通过修剪控制树体生长高度，延缓结果部位迅速外移；同时调节花芽数量，调控大小年之间的产量差距。而大龄树体的更新修剪则有利于树体复壮。

（二）整形修剪的生物学基础

枝条及其上着生的花芽、叶芽的生长规律及其修剪反应是整形修剪的生物学基础。观察显示，牡丹枝芽生长有以下一些规律及修剪反应：

1. 牡丹进入成年期后转为以生殖生长为主，枝条上部芽均易形成花芽、混合芽 发育枝（结果枝）每个都有所回缩，即枯枝退梢现象，每个实际生长量不过十余厘米。

2. 牡丹品种不同，发育枝上的侧芽着生数量差异较大，修剪反应有所不同 凤丹牡丹发育枝多为4芽枝、5芽枝，西北紫斑牡丹品种多为5芽枝，一个结果枝上往往形成2花芽、2叶芽、1隐芽的结构。其他如中原品种则以3芽枝占比较大（占67.8%），次为4芽枝（22.0%）、5芽枝（10.2%）；日本品种，则以6芽枝居多（占30.6%），4芽枝、5芽枝分别占21.0%和24.2%。枝条类型及其芽着生数量与修剪反应有关。一般只有枝条上面的1～2个侧芽形成花芽，形成花果枝（发育枝），开花结果；剩下的芽则成为休眠芽。但当顶芽或上位侧芽被清除时，下面会有1～2个侧芽萌发成枝（很少为3芽萌发）（图4-5）。是混合芽时抽生花果枝，是叶芽时，抽生营养枝。可用以调节营养生长与生殖生长的关系。

图4-5 凤丹牡丹苗剪去顶芽或上位侧芽后的发枝情况

3. 枝条直立性较强 凤丹牡丹其上位芽一般直立向上，结果后因果实较重而迫使其开张角度；若不注意调整，结果部位会迅速外移。

4. 老枝上的潜伏芽在受到强烈刺激后仍具有较强的萌发抽枝能力，更新较为容易 实生植株基部的萌蘖芽或潜伏芽，其生长点细胞仍处于阶段发育的幼龄阶段，由这些芽长成的枝条能实现枝条的幼龄化。这符合植物阶段发育的理论，即木本植物的一个顶端分生组织的幼龄程度与它和茎干及地表的接合点到该分生组织的距离成反比。从基部至顶端经历着从幼龄期至成年期的梯度变化（图4-6），即基部的幼龄程度最大，中间为过渡型，顶端的成年程度最大。

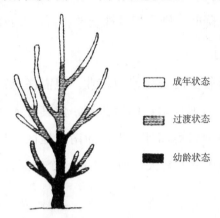

图4-6 木本植物发育状态示意图（Leopold，1975）

（三）不同发育阶段的整形修剪

根据牡丹不同发育阶段生长结实状况，整形修剪具有不同的操作：

1. 结果初期 用二、三年生凤丹牡丹苗定植后，2年内主要是培养主枝，形成较为牢固的骨架。一级主枝宜留4～5个，从基部平茬后的萌蘖枝中选留；以后2～3年内，逐年选留二、三级主枝，每年每株形成10～15个果枝，随植株生长逐年增加。

2. 结果盛期 凤丹牡丹定植3～4年后开始进入结果盛期，而紫斑牡丹稍晚，定植6～7年后进入结果盛期。此时产量逐渐达到最高。如果管理措施得力，此后10～20年或更长时间内，应属于油用牡丹稳产期。这一阶段主要任务是维持丰产树形，调节营养生长和生殖生长的关系。发育枝（花果枝）与营养枝的比例最好为2：3。

一般从9月底到10月初，根据花芽大小，可以判断成花数量。根据土地肥力状况，可以初步判断翌年单位面积需要开花的数量。通过冬季修剪，疏掉过密的枝条，控制每株开花数量，维持植株丰产态势。

部分植株结果部位严重外移，或枝条过于开张时，通过回缩修剪加以调整。回缩修剪激活原有老枝下部的潜伏芽，可使新生枝条重新"幼龄化"。

3. 衰老期　根据对现有牡丹古树或高龄植株的观察，其主枝很少有超过 40 年的。一般栽植 20～30 年后，植株长势渐趋衰弱，需要更新复壮。因而此时的修剪是回缩修剪，促进老枝中下部隐芽萌发，使枝龄幼化，从而恢复树势。

也可利用基部萌蘖枝，重新培养主枝。

当产量明显大幅下降时，则需把植株全部更新，重新建园。

（四）修剪的时间

一般在入冬后农活较少时安排修剪作业。但需注意：大龄树回缩修剪时间不宜过晚，以利较早激活剪口附近的潜伏芽，使其进入活动状态，恢复生长和分化。北方地区修剪时剪口可离芽较近，而南方地区剪口宜离芽稍远，因南方雨水多，而凤丹牡丹枝条髓心较大，剪口下第一个侧芽常易造成伤害。

（五）适时平茬

凤丹牡丹和紫斑牡丹都具有很强的萌蘖能力。当牡丹植株部分枝条受损或被清除后，很容易从植株根颈部隐芽不断地萌蘖出新枝。这是牡丹自我更新的一种重要方式。

平茬就是利用牡丹的萌蘖能力将牡丹植株地上部分剪掉，让其从植株基部重新发出多股新枝的特殊修剪措施。

平茬应在秋末冬初进行，此时正值牡丹地上部分进入休眠期，剪时应在离地面 5 厘米左右处剪去地上部分。剪后用湿润土将剪留部分封好，以利于根颈部萌蘖芽的孕育和生长。平茬主要用于二、三年生实生苗分栽大田后，促使发出更多新枝尽快进入盛果期。特别适宜对独干、伤残枝更新为多股枝条的植株。平茬可以针对单棵进行，也可整块地同时进行。

山东省菏泽市牡丹区及郓城、曹县、单县几个药用植物培植场 1964—1985 年引种铜陵牡丹所做的试验显示（蒋立昶等，2017）：将凤丹牡丹"老档"（指凤丹牡丹刨收后将根颈部以下所有根条剪去作药用，仅留下根颈部老桩及上部枝条）和二、三年生实生苗栽种成活，秋后进行平茬。翌年开春，平茬植株发出 2 条新枝的占 33%、3 条新枝的占 43%、4 条以上新枝的占 21%，仅有 3% 的植株只发 1 枝。由于平茬促使牡丹植株从基部发出成倍的开花新枝，所以花后结籽量大大提高。水肥充足的地块平茬后比未平茬的结籽量提高 2～3 倍，10 年左右的独干大牡丹平茬后，能从基部发出 6 条以上粗壮新枝，结籽量增加 3 倍以上。由于平茬后新枝皆从根颈部发出，粗壮结实，其抗风防折断能力强，种粒充实饱满。

洛阳等地有定植后连续 2 次平茬以促进早期产量提高的经验。

需要平茬的牡丹地块要在平茬前一年及平茬后增施足量肥料，以确保牡丹发枝粗壮、花多、籽实，产量高。平茬后要根据长势与发枝的多少选留枝数，使全株枝条分布均匀、通风透光、树势平衡。

十、种子采收与储藏

（一）种子采收季节

油用牡丹栽种大田后，第一年开春仅有少数三年生植株开花，花后结籽也不充实。为不影响植株健壮生长，第一年应在幼蕾期将花蕾全部摘除。油用牡丹栽植 3 年后，水肥管理较好的开始进入结果期。第一次开花结籽数量视植株长势而定，一般以 1 枝 1 花为宜，留花多了结籽不实。中原一带水肥管理较好的凤丹牡丹栽种 3 年后每亩可产种子（100～150）千克，5 年后亩产种子 150～200千克；栽种 8～10 年的牡丹进入盛果期，每亩可达 250 千克或以上。其进入高产稳产的时期，因种类和品种的不同，管理水平以及地域等而存在差异。一般凤丹牡丹要比紫斑牡丹早 2～3 年。

在年周期中，牡丹开花、授粉受精后，果实种子有 4 个多月的生长发育期，这期间牡丹种子经历籽粒形成、体积和内含物的快速增长，营养成分的积累与转化，最后经过脱水过程进入成熟期。参照豆类种子成熟阶段的划分，可以将凤丹牡丹谢花 2 个月后果实种子成熟过程分为 4 个阶段（刘炤，2012）：①绿熟期。花后 60～100 天，蓇葖果为绿色，种子为黄白色，体积生长基本完成，含水率较高。②黄熟期。花后 100～110 天，果皮颜色由绿色逐渐转变为黄绿色，部分种皮颜色开始由黄白色变为棕色。③完熟期。110～120 天，果皮颜色由黄绿色逐渐转变为蟹黄色，种皮颜色完全变成深褐色或黑色，种子变硬。④枯熟期。120～130 天，蓇葖果充分成熟，种子变为深褐色或黑色，常随蓇葖果腹缝线开裂而脱落。

油用牡丹种子成熟期因产区不同而存在差异。长江流域以南种子成熟一般在 7 月下旬；中原地区为 7 月底至 8 月初；西北地区的紫斑牡丹种子多在 8 月中下旬成熟；长城以北与高海拔地区应在 8 月下旬前后采收种子。此外，即使在同一地区，因品种不同，种子成熟期也有早有晚，因此应根据成熟早晚分批次采收。具体时间应视牡丹蓇葖果成熟的程度而定。当果实由绿变黄呈蟹黄色（果实进入完熟期），个别果实略有裂缝时是最佳采摘时期。种子采收过早，不成熟的种子出油率降低，采收过晚育苗用种种皮干硬，播后不易出苗。

（二）果实种子的采后处理

1. 育苗用种的采后处理　育苗用种的果实采收后，摊放室内或阴凉通风处使其逐渐后熟。堆放厚度宜在15～20厘米。成熟过程中，经常翻动，以防过湿发霉。经10～15天果实自行开裂散出种子。注意育苗用种不可置于太阳下暴晒。暴晒会使种皮迅速失水变硬，出苗率降低。阴干后果皮开裂时不可将果皮和种皮分开，仍放在屋内阴凉处以防止种子过多失水。临近播种时再将种子拣出处理。参照本书第三章牡丹的播种繁殖相关内容。

2. 油用种子的采后处理　油用牡丹果实采后放阴凉处3～5天，让其充分后熟，再放太阳下暴晒。晒时每天翻动1～2次使受热均匀，避免发霉。暴晒后，果皮进一步失水开裂散出种子。未开裂的果实可用脱粒机脱出种子，仍继续放在太阳下暴晒1～2天。这样反复多次直到种子含水率降至11%以下，除去杂质（低于1%）和霉变籽粒，然后装入粮食编织袋中入库储存。入库的油用牡丹种子应为饱满、光泽亮丽的黑色颗粒，每千克3 000粒为宜。

（三）种子储存

用于油用加工的牡丹种子经采收加工后应注意储藏，避免发热、霉变或褐化现象发生。由于牡丹籽有一层较为坚硬的外壳，具有一定抗潮、抗压性能，通常采用干燥储藏法，要求种子含水率比"临界水分"低1%～2%。利用种子的后熟作用，控制种子的呼吸作用，防止酶与微生物的破坏作用。储藏时既需干燥、通风，也需要10℃以下的低温。此外，种子储存期间的防虫防鼠工作也十分重要，需要加以注意。

经采用当年收获的牡丹新鲜种子与自然储存1年以上的陈化种子进行比较，发现自然储存时间超过15个月的牡丹种子，其种子发生褐变的陈化现象十分突出，种仁氧化褐变比例超过30%。从这种陈化劣变的种子中提取的油品，色泽变深，酸值、过氧化值和黄曲霉毒素含量显著升高，维生素 E 含量显著降低（郭香凤等，2016）。

牡丹籽收获晒干后应放入保鲜库低温储藏或进行气调储藏。在常温状态下不宜放置过久，应争取在安全期内完成籽油生产和后续精炼过程。常温储藏过久发生明显褐变的种仁，应在加工过程中予以分拣剔除，以确保优质牡丹籽油的生产。

第二节　油用牡丹种植模式

一、丰产栽培与技术集成

油用牡丹作为新兴的油料作物，其种子生产潜力为人们所关注。其产量的形成首先与其遗传基础有关，同时也与包括栽培措施在内的环境条件有关。一个地区在品种选定之后，正确的栽培模式与相应配套的栽培技术的结合，对于油用牡丹生产的早期获益与持续增产、丰产具有重要意义。

油用牡丹的丰产栽培，需要形成一个完整的技术体系。山东菏泽药用植物培植场于 1965 年种植了 5 亩凤丹牡丹丰产田，水肥管理较为精细。种植 10 年后，单产 600 余千克/亩，最高时达 816 千克/亩。此后因种植地块深层土（60 厘米以下）为黄沙土（盐碱土），植株深层根系生长不良，导致地上部分减产（蒋立昶，2017）。但上述产量水平（600～800 千克/亩）目前尚未有达到或超过的报道。

二、中科-神农油用牡丹种植模式

中科-神农油用牡丹种植模式（中科-神农模式）是中国科学院植物研究所刘政安博士与河南神农元牡丹生物科技有限公司合作，在河南省沁阳市发展油用牡丹，历经 3 年总结出的一套油用牡丹快速高产稳产、优质、低成本的科学栽培管理体系和经验，适于同类地区推广应用。我国地域辽阔，适于发展油用牡丹的地区很多，但各地气候、土壤、地形地貌、经济社会条件等差别很大，还需要在不同的类型区创造更多的油用牡丹种植业发展模式。

（一）中科-神农模式的核心内涵

中科-神农模式是油用牡丹产业发展中的一种种植模式，其核心内涵可以概括为"快速丰产，稳产优质，减耗增益"。

（二）快速丰产的技术环节

实现油用牡丹快速丰产，要抓好以下 4 个技术环节。

1. 大苗壮苗　应用2～3年大苗壮苗栽植，可以尽快缩短油用牡丹进入稳产高产期的时间，从而快速取得效益。

2. 适时栽植　按照牡丹秋季发根规律，中原地区在9～10月适时栽植，可以促发大量新根，翌年春季牡丹基本没有缓苗期，很快恢复长势。

3. 合理密植　为了早期获益，可适当增加密度，1～3年苗建议3 000株/亩左右；随植株生长逐步间稀。

4. 覆盖栽培　采用牡丹专用薄膜覆盖，既可有效防治杂草危害，又有调温、保墒、补光、防病等多方面的效果，有利于油用牡丹的早期获益。

（三）稳产优质的措施

保障油用牡丹稳产质优，要采取以下4项具体措施：

1. 整形修剪　通过平茬、修剪等整形措施，促使植株快速形成较为牢固的丰产的树形。

2. 肥水保障　作物生产中有"有收无收在于水，收多收少在于肥"的经验之谈。油用牡丹的丰产优质，一定要有肥水保障措施（干旱、半干旱地区更要有集水、保水措施）。在种植达一定规模时，应建设配套的牡丹专用有机肥料厂以保障用肥。

3. 防治病虫　油用牡丹病虫防治需采取"预防为主"的方针。科学栽培油用牡丹，一般病虫害较少。从老牡丹产区调苗时，定植前一定要严格分级、消毒；另外，可以设置黑光灯等诱杀害虫。

4. 辅助授粉　花期采用放蜂及人工辅助授粉，可以大大促进油用牡丹增产增收。

（四）减耗增益的方法

实现油用牡丹生产减耗增益，需要实施4项科学的方法。

1. 免草法　杂草危害是非常棘手的问题，人工除草效率低、成本高，化学除草对土壤环境及产品均有一定的污染。采用牡丹专业地膜覆盖育苗、栽培，可大大减少草害，降低劳动生产成本，综合效益很好。

2. 间作法　追求有限土地综合效益的最大化。这里的"间作"是指立体种植、间作套种。按照牡丹习性，夏季高温、强光照对其生长发育不利，适度遮阴（遮阴度在40%以下）是可行的，从而为适宜的林、果间作模式提供了可能。

另外，油用牡丹从定植到产量形成需要 2～3 年，为利用牡丹行间育苗提供了一定的空间。

3. 间伐法　牡丹种植园中过密的植株要及时挖除，作苗木出售或另建新园。其他间作物，如一二年生药材、牡丹种苗、绿化用观赏植物等，要及时收获或挖取出售，以取得早期效益。

4. 培训法　技术服务精准，及时举办各种培训班。定期组织参与牡丹基地建设的员工或农户参加学习，掌握油用牡丹种植的相关知识和技术，从而将整个生产流程纳入科学管理。这是实现牡丹种植减耗增益中一个极其重要的措施。

以上是中科-神农模式的基本内容。该基地所用种源应是洛阳杨山所产杨山牡丹（凤丹牡丹）的后代，具有许多优良性状，应继续优中选优，形成良种，加以推广。

河南沁阳地处豫北平原，生态环境较为适宜凤丹牡丹的发展。与上述技术配套的还有牡丹专用地膜及牡丹专用肥的研发，以及各种农业机械的运用等，对同类地区油用牡丹的发展具有重要的示范作用。

三、洛阳南部山地的油用牡丹种植模式

适于油用牡丹种植的丘陵山地面积较大，洛阳春艳牡丹公司在洛阳南部山区总结了一套无灌溉条件下的油用牡丹栽培模式，其要点如下：

根据地形部位不同划分为 3 个立地类型，即阳坡、阴坡、沟壑。另外，将有林地单独划分为林下模式。

1. 阳坡模式　阳坡光线较为充足，坡度较缓，气温较高，在年降水量 500～600 毫米的情况下，要注重留水保墒。可沿等高线修成 1.5～2 米的窄型梯地进行栽植，每亩初植密度 2 600～2 800 株。

2. 阴坡模式　阴坡坡度较陡，不宜等高线种植，可采用小丘状种植，每个小丘上种植 3～5 株。密度稍大，每亩 3 000～3 300 株。

3. 沟壑模式　山沟底部沟道，土层厚，水分足。可以稀植，每亩 2 200 株。可起垄栽植，以利排水。由于土壤较肥，可修剪较重。如果山坡地 7 叶枝仅剪去 4 叶，则沟壑地可剪去 5 叶。

4. 林下模式　在林地中（核桃、柿、楸、杨等树林）种植牡丹，不宜起垄，需要平地栽植，且林木不宜太密，疏密度不宜超过 0.4。

上述栽植模式中的其他措施与前述"中科-神农模式"相同，具体操作需根据具体情况，因地制宜，灵活掌握。在山地除草可适当养鸡、鹅或养羊（羊不以牡丹为食），但要移动饲养。施肥量上密度大的要适当多施。枝叶密接后要逐年间稀。

四、油用牡丹栽培管理全程机械化

随着油用牡丹的快速发展，面积达千亩乃至万亩以上的种植园不断涌现。大面积栽培带来的管理强度提高，工作量增大的问题十分突出，特别是当前农村劳动力紧缺，用工费用提高，迫切需要通过机械化来提高劳动生产率，以降低生产成本，保证油用牡丹产业稳步向前发展。

目前，已有部分企业实现了油用牡丹种植全过程机械化。如陕西合阳中资国业牡丹产业发展有限公司在其合阳基地，从深翻整地、播种育苗、苗木栽植、中耕除草、施肥浇水、病虫防治以及果实采收等作业都实现了机械操作。该公司 2018 年被评为陕西省林业产业省级龙头企业。

在平原地区，大型农机具可以充分发挥作用。在山区丘陵地带，则需要发挥小型农机具的作用。大田定植时，株行距一定要考虑便于中耕除草及施肥、病虫防治等作业的机械操作。相关经验需要不断进行总结和提高。

第五章
油用牡丹病、虫、草害防治

第一节　油用牡丹病害及其防治

一、概述

危害牡丹的病害有 30 余种，分属侵染性病害与非侵染性病害两大类。侵染性病害又可分为真菌性病害、病毒性病害、线虫性病害等，其中以真菌性病害种类最多，危害最大。非侵染性病害是由于不适宜的环境条件持续作用所引起，是不具有传染性的生理病害。这些病害常见的有：①营养元素缺乏所致的缺素症。②水分不足或过量引起的旱害和涝害。③低温所致的冻害、寒害以及高温所致的日灼病。④肥料、农药使用不当和工厂排出的废水、废气所造成的药害和毒害等。

由有害生物引起的侵染性病害和由非生物引起的非侵染性病害之间有着密切的关系。非侵染性病害的危害性，不仅在于它本身可以导致牡丹植株生长发育不良甚至死亡，而且由于它削弱了植株的生长势和抗病力，因而容易诱发其他侵染性病原的侵害，使作物受害加重而造成更大的损失。而当牡丹植株发生了侵染性病害后，也会降低对不良环境的抵抗力。这些情况在牡丹大田栽培中经常遇到。南、北各地夏秋之交牡丹早期落叶现象，往往是两类病害交错发生的结果。

就油用牡丹的主要种类凤丹牡丹、紫斑牡丹而言，在其适生区栽培，只要管理措施到位，一般病害并不严重。但如果土地选择不当，面积较大又疏于管理，植株生长较弱，也有发生严重病害的可能。此外，各地在发展油用牡丹的同时，常常要栽种一些观赏牡丹，或者建观赏牡丹园，情况就大不相同了。

二、主要真菌性病害及其防治

(一) 黑斑病

该病是危害较为严重的真菌性病害之一，在牡丹主产区，一般发病率在40％以上。

1. **症状**　该病主要危害叶片（图5-1）。发病初期在叶片上形成大小为1～3毫米圆形小病斑，灰黑色，中央颜色稍浅，后来逐渐扩大到直径5～20毫米的圆形或不规则形病斑，黑褐色，上有墨黑色霉状物，手摸病斑有粗糙感。病斑脱落时常形成穿孔；严重时病斑连接成片，导致叶片枯死，提前落叶。

图5-1　牡丹黑斑病

2. **发病规律**　该病菌为弱致病菌，可能以菌丝体在病残体上越冬，翌年环境条件适宜时，菌丝产生分生孢子。分生孢子借风雨传播。当高温、积水导致苗木生长弱、抵抗力下降时，病菌乘虚而入，加之雨水多，空气湿度大，致使病害大面积发生。

3. **防治方法**　该病应以预防为主，大面积发生后难以防治。注意加强田间管理，秋冬彻底清除病残体，减少再次侵染源。一般在花后（5月）喷50％代森锰锌可湿性粉剂500倍液1次，此后每月喷施1次，直至落叶。大面积发生时，可喷施75％百菌清可湿性粉剂800倍液、50％多菌灵可湿性粉剂800倍液等，有一定防效。

(二) 红斑病

该病亦称牡丹叶霉病,是我国各牡丹产区危害较大的真菌性病害之一。调查显示,在河南洛阳、山东菏泽牡丹栽培区病株率达50%左右,染病重的牡丹园可达90%以上。在安徽铜陵牡丹产区,该病也是常见病害之一。

1. 症状 该病主要危害叶片,也侵染叶柄、幼茎及花萼、花冠等。发病初期(图5-2),叶片两面出现绿色针尖状小点,30天后可扩展成直径10~30毫米大小的病斑,近圆形,初期呈紫褐色或紫红色。中期逐渐出现淡褐色同心轮纹,周围颜色较深呈暗褐色。发病后期,天气潮湿时,叶片两面均出现灰褐色霉状物,此为病原菌的分生孢子梗及分生孢子。叶柄的病斑呈暗紫褐色,并有黑绿色茸毛;茎部的病斑长圆形,稍凸起,后期病斑中间开裂并凹陷。叶片正面及茎上的病斑长期保持暗紫红色是该病主要的症状特点。

连年发病的植株生长矮小,难以开花或导致全株枯死。

图5-2 牡丹红斑病(叶霉病)初期症状

2. 发病规律 病菌主要以菌丝体和分生孢子在病残体及病果壳上越冬,还可在不腐烂的病叶中越冬,也能在上年分株后遗留在种质圃的根上腐生,但会随寄主组织的腐烂而死亡。春季产生分生孢子,借风雨传播。直接侵入或自伤口侵入寄主。4月开始发病,多雨潮湿的梅雨季节蔓延迅速。种植密度过大、环境潮湿、光照不足、植株长势衰弱时发病重,严重时导致整株叶片枯萎。牡丹生长季节,可发生多次再侵染。

1998—2000年在山东菏泽的观察显示（吴玉柱，2005），该地3月下旬牡丹嫩茎、叶柄上就会产生病斑。4月上旬，新叶刚发生不久即可见到针尖状病斑，此后病斑扩展，逐渐相连成片。6月中旬至7月下旬为发病盛期。8月上旬以后很少再出现新病斑。11月上旬后，病原菌进入越冬期。病害发生严重与否，与牡丹园地初侵染病原清除的程度密切相关，清除差的园地发病重，清除良好时则发病较轻。

不同品种对此病的抗性表现出明显差异。在菏泽，'大胡红''状元红''姚黄''三变赛玉'等属于高感病品种。

在栽培管理条件一致时，土壤pH对病害的发生程度有一定影响。土壤pH高时感病重，反之，感病较轻。

3. 防治方法

1）农业防治　①增施磷、钾肥，提高植株抗性；注意及时排水。②秋末冬初及时清除枯枝落叶，并集中烧毁病株残体。

2）药剂防治　①种苗消毒：苗木栽植前用65％代森锌可湿性粉剂300倍液浸泡20分，用清水淋后沥干再栽。②春季植株萌动前喷洒等量式或倍量式波尔多液，10～15天喷1次，或用80％代森锰锌500倍液＋展着剂喷洒。③发病初期用75％百菌清可湿性粉剂600倍液或40％氟硅唑乳油8 000倍液喷雾防治。

（三）褐斑病

该病也称轮斑病或白星病，是常见的牡丹叶部病害，分布较广，是造成生长后期牡丹叶片枯焦的病害原因之一。在河南洛阳、山东菏泽及陕西西安等地牡丹园8月病株率可达70％～90％。

1. 症状　感病叶片（图5-3）先出现大小不同的苍白色斑点，一般为直径3～7毫米的圆形病斑，中部逐渐变褐色。后期正面病斑上散生十分细小的黑点，放大镜观察呈茸毛状，具有同心轮纹。单片叶少时1～2个病斑，多则达20个以上；相邻病斑愈合时形成不规则形大病斑，严重时整个叶片布满病斑，焦枯死亡。叶背面病斑也呈暗褐色，轮纹没有正面明显。

2. 发病规律　病菌以病叶组织内的菌丝体和分生孢子越冬。翌年以分生孢子侵染叶片，一般从5月上中旬开始发病，植株下部的叶片首先发病，产生病斑，随着病斑的逐渐增大，分生孢子再次侵染，病菌向植株的上部蔓延，7月以后病斑增多。随着雨季到来,该病危害进入盛期,8月下旬病叶开始脱落,分生孢子借风雨传播。秋季高温,7～9月降水偏多,种植过密,通风不良,是本病危害严重的因素。

图 5-3　牡丹褐斑病

3. 防治方法

1) 农业防治　发病初期,发现病叶及时摘除烧毁,减少侵染源;园地保持通风透光,冬、春季彻底清除落叶,剪除病枝,集中烧毁,降低初侵染源。

2) 药剂防治　5月上旬开始,每隔15天喷药1次,连续喷药3次,以后根据天气情况,在夏、秋季雨水多时,7～8月再施药2～3次。药剂可用50%代森锰锌可湿性粉剂500倍液、75%百菌清可湿性粉剂800倍液(防效最好,分别为86.3%～92.7% 和85.7%～90.5%);其次为50%多菌灵可湿性粉剂800倍液、70%甲基硫菌灵可湿性粉剂800倍液等。不同药剂应轮换使用。

（四）腔孢叶斑病

牡丹腔孢叶斑病亦称牡丹瘤点病、瘤点叶斑病、红点病等。该病广泛发生于河南洛阳、山东菏泽等地的牡丹园，在8～9月枯死的牡丹叶片上，以该病最为常见，是造成牡丹叶枯的最主要侵染性病害。该病除危害牡丹叶片外，还可危害枝干。

1. 症状　叶片发病之初呈水渍状小圆斑，扩展后病斑呈圆形、长圆形或不规则形，边缘较清晰，直径5～35毫米，黄褐色至深褐色，常可见黄褐色与深褐色相间的同心轮纹。天气潮湿时，病部可见橙红色或红褐色的小颗粒，老病斑有时破裂或穿孔，但病叶一般不脱落。

枝干发病时，形成中部灰白色边缘黑褐色的不规则形病斑，病部可见稀疏的扁平状黑色病菌子实体，病斑扩展绕茎一周时可致枝干干枯死亡。枝干上的病菌子实体多埋生寄主表皮下，极少有突破寄主表皮而外露者。

2. 发病规律　对于该病的发生规律，尚缺乏系统的研究。初步观察，在河南洛阳、山东菏泽等地，该病5～6月开始发生，8～9月为发病盛期。高温、多雨、多露、株丛郁闭等有利于病害发生。病原菌可能以菌丝体在病残体上越冬，翌年环境适宜时越冬的菌丝产生子实体和分生孢子。分生孢子借风雨传播侵入，在牡丹生长季节，可能造成再侵染。

3. 防治方法

1) 农业防治　秋冬季彻底清除病残体，连同枯枝落叶集中深埋或烧毁，减少翌年初侵染源。牡丹生长季节及时摘除病叶，减少再次侵染源。

2) 药剂防治　发病初期（一般为6月上旬）喷药防治，可选用的药剂：50%多菌灵可湿性粉剂、50%多·硫悬浮剂（药液稀释浓度为0.125%～0.2%）；也可用75%百菌清可湿性粉剂＋70%甲基硫菌灵可湿性粉剂（药液浓度均为0.1%）混合喷施，每7～8天喷1次，连喷2～3次，喷药后遇雨需补喷。

（五）轮纹斑点病

该病在各牡丹产区均有零星发生，空气湿度大时危害严重。

1. 症状　主要危害叶片，病斑圆形或近圆形，灰褐色，直径5～22毫米，具有明显的同心轮纹（图5-4）。空气湿度大时病斑上有呈轮纹状排列的黑色小点，即病原菌的分生孢子盘，后期病斑易穿孔。

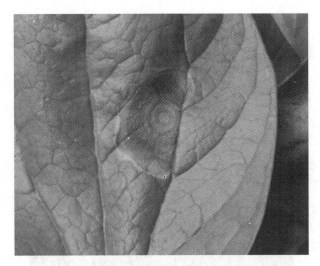

图 5‑4　牡丹轮纹斑点病

2. 发病规律　观察显示，在河南洛阳、山东菏泽等地 8～10 月为发病盛期。多雨、多露、株丛郁闭等有利于病害发生。病原菌可能以菌丝体在病残体上越冬，翌年环境适宜时越冬的菌丝产生子实体和分生孢子。分生孢子借风雨传播侵入，在牡丹生长季节，可能引起再侵染。

3. 防治方法

1）农业防治　发病初期，发现病叶及时摘除烧毁；牡丹植株间保持通风透光，创造不利于病菌发生发展的生境；秋、冬季彻底清除落叶，剪除病枝，集中烧毁，降低初侵染源。

2）药剂防治　从 6 月上旬开始，每隔 15 天喷药 1 次，连续喷药 3 次，若夏、秋季雨水多的年份，7～8 月再施药 2～3 次。可选用的药剂：75％百菌清可湿性粉剂 800 倍液、50％代森锰锌可湿性粉剂 500 倍液、70％甲基硫菌灵可湿性粉剂 800 倍液等。为提高防治效果，可用不同的药剂轮换使用。

（六）黄斑病

牡丹黄斑病在牡丹各主要产区均有分布，一般在嫩弱的叶片上比较常见。

1. 症状　染病叶片（图 5‑5、图 5‑6）上产生的病斑呈圆形或近圆形，浅黄褐色至黄褐色，有时边缘紫红色，病部比健康叶片稍薄，后期病斑上生一至多个小黑点，即病原菌的分生孢子器。病斑多出现于株丛下部受荫蔽的嫩弱叶片上。

图 5 - 5　牡丹叶正面黄斑病症状

图 5 - 6　牡丹叶背面黄斑病症状

2. 发病规律　对于该病的发生规律尚缺乏系统的研究。病原菌可能以菌丝体、分生孢子器在病残体上越冬，翌年环境适宜时分生孢子借风雨传播到牡丹叶片上侵染致病，嫩弱的叶片易被侵染，多雨、多露的环境条件有利于病害发生。田间观察发现分生孢子器产生得较晚，而病斑多出现在嫩弱叶片上，故推测再侵染可能作用不大或无。

3. 防治方法

1）农业防治　秋冬彻底清除病残体，连同枯枝落叶集中深埋或烧毁。

2）药剂防治　发病初期结合防治其他叶斑病喷药防治，可选用的药剂：50％多菌灵可湿性粉剂 2 000 倍药液、50％甲基硫菌灵湿性粉剂 1 250～2 000 倍药液等，也可用 75％百菌清可湿性粉剂＋70％甲基硫菌灵可湿性粉剂各 1 000 倍药液混合喷施，每 7～8 天喷 1 次，连喷 2～3 次，喷药后遇雨需补喷。

（七）牡丹帚梗柱孢霉褐斑病

该病是牡丹上危害严重的病害之一。林晓民等在河南洛阳调查显示，该病发生相当普遍，是造成叶片枯死、早衰的主要原因之一。该病在山东也有报道，在牡丹其他主栽区的发生情况尚缺乏研究，应引起各牡丹主栽区生产者的重视。

1. 症状　染病叶片上初生边缘水渍状的小型褪绿病斑，病斑扩大后呈圆形或椭圆形，黄褐色到褐色，病斑扩大过程中会部分地受叶脉限制，从而呈不规则形或略呈多边形，后期病斑互相连接可致叶片枯死，但很少导致叶片脱落，湿度大时病斑上具白色霉层（菌丝、分生孢子梗及分生孢子）。

2. 发病规律　病原菌可能以菌丝体在病残体上越冬，翌年环境适宜时越冬的菌丝产生分生孢子。分生孢子借风雨传播，在牡丹生长季节，分生孢子可引起再侵染。高温、多雨、多露、株丛郁闭等有利于病害发生。

3. 防治方法

1）农业防治　秋冬彻底清除病残体，连同枯枝落叶集中深埋或烧毁，减少翌年初侵染源。牡丹生长季节及时摘除病叶，减少再次侵染源。

2）药剂防治　该病一般于 6 月上旬开始发生，可喷药防治。常用药物有50％多菌灵可湿性粉剂、50％甲基硫菌灵可湿性粉剂（药液稀释浓度为0.125％～0.2％）；也可用 25％霜脲·百菌清可湿性粉剂＋70％甲基硫菌灵可湿性粉剂（药液浓度均为 0.1％）混合喷施，每 7～8 天 1 次，连喷 2～3 次。

（八）灰霉病

该病是牡丹常见真菌病害之一。长江以北因春季降水量少，空气干燥，空气湿度低，因而发病轻或不发病。而长江下游及其以南因早春降水多，空气湿度高，因而易发病且危害较重。进入秋季如果条件适宜仍可发病，但此时发病较轻，危害不大。

1. 症状　牡丹的叶片、嫩茎、花等部位均可受害，但主要危害叶片，且易感染植株下部叶片。发病初期为近圆形或不规则形水渍状病斑，多发生于叶尖和叶缘；后期病斑增大达1厘米以上，病斑褐色至紫褐色，有时产生轮纹；空气湿度大时，叶部正、背面均产生灰色霉层（图5-7、图5-8），这就是病原菌分生孢子。新枝及叶柄染病后，病斑呈长条形，略凹陷，暗褐色，常常软腐，导致枝条下垂折断或植株倒伏。花器被侵染后变褐腐烂，产生灰色霉层。病部有时产生黑色菌核。春季新枝被侵染发病后，受害部位多发生在新老枝的结合部，易软腐。这是该病又一典型症状。

图5-7　牡丹叶正面灰霉病症状　　　　图5-8　牡丹叶背面灰霉病症状

2. 发病规律　病菌以菌核、菌丝体和分生孢子随病残体在土壤中越冬。翌年菌核萌发产生分生孢子，孢子靠风雨传播，自伤口或衰老组织侵入。发病后，产生大量分生孢子进行再侵染。高温多雨天气，发病加重。

在长江流域中下游及以南地区，春天气温回暖早，该病发生也早。每年二三月，气温上升到 13～23 ℃，植株新枝、叶片及花器正处于旺盛生长期，此时多雨，且空气相对湿度在 80％ 以上时，是病原菌分生孢子最适宜的环境条件。潜伏在土壤表层的菌核和病原菌大量分生孢子，随风雨传播。新枝、幼叶、花器被侵染后发病。这一带一年当中有 2 次发病高峰，一次在 3 月前后，另一次在秋季。3 月发病重，而秋季危害相对较轻。

3. 防治方法

1）农业防治 ①秋末冬初，园中脱落的叶片及修剪下的残枝集中焚烧或深埋。②合理密植，使植株间通风透光。③加强田间管理，及时清除杂草；合理施肥，不要偏施氮肥，而要增施磷、钾肥，以增强植株抗病能力。④栽植前进行土壤处理，减少侵染源。

2）药剂防治 发病初期喷药防治，每隔 15 天喷药 1 次，连续 3 次。夏、秋季雨水多的年份，7～8 月再施药 2～3 次。可选用的药剂：50％腐霉利可湿性粉剂 1 000～1 500 倍液、50％异菌脲可湿性粉剂 1 000 倍液、50％甲基硫菌灵可湿性粉剂 900 倍液。

温室牡丹染病时可用烟雾法施药。可选用 45％百菌清烟剂、10％腐霉利烟剂等，既省工，又不因喷药液而增加湿度。

（九）白粉病

在洛阳白云山山地牡丹园普遍发生且较为严重，市区牡丹园零星发生。

1. 症状 发病初期在叶片上表面形成一层粉状斑，严重时危及整个叶片。后期叶片两面和叶柄上形成污白色粉层，并在粉层中散生许多小黑点，是病菌的闭囊壳（图 5-9）。该病病原菌是芍药粉菌的一种生理分化型。

2. 发病规律 洛阳一般从 5 月上旬开始发生，以后逐渐加重。8 月下旬为发病高峰，以后病叶逐渐枯死脱落。施用氮肥过多，叶片过于幼嫩，遮阴时间过长，都会造成白粉病的大量发生。

3. 防治方法

1）农业防治 注意秋季清除病株残体，并集中销毁。

2）药剂防治 发病初期喷药防治。可用 20％三唑酮乳油 2 000 倍液，25％丙环唑乳油 4 000 倍液等喷施。三唑酮类防治白粉病效果较好，但对花木具有矮化作用，要严格控制使用浓度，并注意安全间隔期。

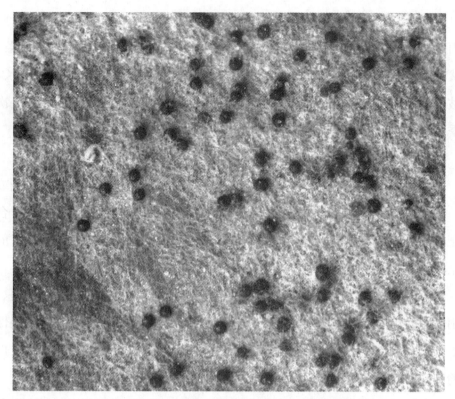

图 5－9　牡丹白粉病叶片上的白粉菌闭囊壳与菌落

（十）疫病

该病在山东菏泽（薛杰等，2005）、贵州遵义、花溪（王定江等，1990）及杭州的盆栽牡丹上（贺水山等，1994）均有报道。因发病部位常伴有细菌和镰刀菌等杂菌，给该病的诊断带来一定的困难，使该病常被忽略。

1. 症状　主要危害牡丹的叶、芽、嫩茎及根颈部。病部多出现在下部叶片，初呈暗绿色水渍状，形状不规则，后呈浅褐色至黑褐色大斑，叶片垂萎。嫩茎染病之初出现条形水渍状溃疡斑，后变为长达数厘米的黑色斑，病斑中央黑色，向边缘颜色渐浅，病斑与正常组织间无明显界线。近地面幼茎染病，则整个枝条变黑枯死。根颈部被侵染时，出现颈腐。在幼嫩组织上，该病症状与灰霉病相近，但疫病的病斑以黑褐色为主，略呈皮革状，一般看不到霉层，而灰霉病的病斑一般呈灰褐色，并常有灰色霉层。

2. 发病规律　病菌以卵孢子、厚垣孢子及菌丝体随病残体留在土中越冬。气温在 15～25℃，空气湿度较高时，孢子囊萌发形成游动孢子，也可直接萌发产生芽管侵入寄主引起发病。厚垣孢子一般需经过 9～12 个月休眠才萌发。牡

88

丹生长季节可由孢子囊传播引起多次再侵染，牡丹生长期遇有大雨之后，就能出现一个侵染及发病高峰。连阴雨多，降水量大的年份易发病，雨后高温的环境发病重。

3. 防治方法

1）农业防治　①选择高燥地块或起垄栽培，雨后注意排水，防止茎基部淹水。②增施磷、钾肥，提高植株抗病力。田间发现病害时及时摘除病部，秋、冬季清除病残体，减少翌年菌源。

2）药剂防治　发病初期喷施药液。可选用的药剂：25％甲霜灵可湿性粉剂400倍液、58％甲霜灵·锰锌可湿性粉剂600倍液、64％杀毒矾可湿性粉剂600倍液，7～10天喷施1次，连续3～4次。

（十一）溃疡病

该病在洛阳等地发病严重，主要危害茎部，也能侵染叶片。

1. 症状　发病初期出现褐色小斑点，逐渐扩展为椭圆形、梭形或不规则形病斑，紫褐色或黑色，中间灰白色，凹陷呈溃疡状。空气湿度高时病斑边缘呈不规则形水渍状。后期在病部皮层下形成许多针状小黑点，埋生或半埋生，此为病原菌的分生孢子器或子囊壳，严重时病斑表皮开裂甚至枝条枯死。发病轻者抽枝较慢，花蕾较小，开花迟缓；发病重者鳞芽萎缩，不能抽枝或抽枝后不能开花，萎蔫青枯，致使枝条稀疏乃至枯死。

2. 发病规律　该病在洛阳部分牡丹园发病较重。该病主要发生在牡丹多年生枝上，因而植株较矮的品种发病率低，而茎干较高的发病率高。部分抗病品种枝条受到感染，并在菌株产生分生孢子器后，表皮剥落，分生孢子器也随表皮脱落而减少了病菌对植株的侵染。

3. 防治方法　勤加检查，及时剪除病枝集中烧毁，以尽量减少二次侵染的危害。同时加强管理，结合其他病害的防治使用药物防治。

（十二）根腐病

牡丹根腐病在牡丹产区普遍发生，南方产区发病尤重。

1. 症状　该病主要危害根部，主根、侧根和须根均可发病，而以老根为重。主根染病初在根皮上产生不规则形黑斑，以后病斑不断扩展，大部分根变黑腐烂，导致植株萎蔫直至枯死；侧根和须根染病，病根变黑腐烂，也能扩展到主根。由于根部受害，植株常因失水萎蔫，病株地上部分生长衰弱，叶片变小发黄。发病严重时会导致植株枯死。

2. **发病规律** 该病病原菌为分布广泛的土壤习居菌，典型的弱寄生菌。牡丹长势衰弱时病菌容易侵入。病菌以菌核、厚垣孢子在病根、土壤或肥料中越冬，从伤口（虫伤、机械伤、线虫伤等）侵入，但从接种情况看，无伤口的根系也可染病。移栽时机械伤口多，如不注意苗木消毒时发病重；地下害虫，如蛴螬等危害严重时发病也重；施用未腐熟饼肥、粪肥可诱发地下害虫，也导致根部加重发病；栽培地土壤湿度大，排水不畅时，易于发病。此外，发病轻重也与品种抗性差异有关。

铜陵等地凤丹牡丹一般在二年生植株上开始发病，以后逐年扩大。发病初期多在3月底牡丹植株展叶后，多数病株表现叶片黄化。

菏泽等地4月下旬根部可见病斑，70%以上根在5～7月发病，10月上旬后再未见到新的病斑。调查发现，重茬对牡丹受害程度的影响非常明显：同一品种留园时间越长，染病程度越重，反之则轻。此外，土壤pH对根腐病发生程度也有影响：土壤pH高，牡丹染病重，反之，染病会轻些（吴玉柱等，2005）。

3. **防治方法**

1）**农业防治** ①实行轮作避免重茬。旱作地也可用草烧地或覆盖塑料薄膜日光高温熏蒸灭菌。②伏天翻晒地块。栽培地进行深翻土壤，暴晒，消灭一些虫卵和病菌。③加强地下害虫防治。对蛴螬、小地老虎等地下害虫的成虫及幼虫加大防治力度，减少虫源。④改善田间环境。精细整地，开好较深的排水沟，以防田间积水。⑤选用健壮种苗或采用营养钵育苗移栽，减少根部伤口。⑥增强植株抵抗力。多施用三元复合肥、有机肥、农家肥、饼肥、菌肥等，少施氮肥。⑦及时拔除病株。发现病株要及时清除，同时清除四周带菌土壤，病穴用石灰消毒。

2）**生物防治** ①每亩用五四〇六抗生菌菌种粉1千克，拌细饼粉10～20千克施入栽植穴，有一定防治效果。②用新型微生物制剂康地蕾得细粒剂500～600倍液灌根防治。③应用TK1（康宁木霉菌）、BA31（枯草芽孢杆菌）等生物菌剂防治也有较好效果，每株2～3克的用药量防治效果可达75%以上。

3）**药剂防治** 在栽植时对苗木分别进行如下处理：①苗木消毒。移栽苗放入 36％甲基硫菌灵可湿性粉剂 600～800 倍液中浸泡 2～3 分，晾干后栽植。②药物蘸根。移栽时用 36％甲基硫菌灵可湿性粉剂 700 倍液或 25％多菌灵胶悬剂 700 倍液，1％硫酸铜溶液，适当加入微肥和肥土调成糊状蘸根后栽植。

（十三）紫纹羽病

该病在各牡丹主产区都有发生，部分栽植年份多数牡丹园发生比较严重。

1. **症状**　该病主要侵染牡丹的根部和茎基部。往往是幼嫩的细根先被侵害，后扩展到较粗的主根上，乃至茎基部。病根上先出现散生紫色斑点或凸起，然后可见紫褐色丝缕状菌丝，菌丝扭结成菌索，菌索纵横交错呈网状，后期茎干基部及附近地面形成一层紫红色绒毯状菌丝层（子实体）（图 5-10、图 5-11）。随着病情发展，病根表面逐渐转变为褐色直至黑色，幼根皮层腐烂剥落，毛细根断裂死亡，不生新根，老根也逐渐腐烂。在朽根附近的土层中和茎基部附近的地面可以观察到淡红褐色的菌核。菌核呈半球形或椭圆形，边缘拟薄壁组织状，内部白色，疏松组织状，直径 0.86～2 毫米。病株地上部生长衰弱，展叶缓慢，叶片发黄，无光泽，开花少且晚，花朵小，严重时整株死亡。

图 5-10　牡丹紫纹羽病病菌在地面上形成的绒毯状菌丝层

2. **发病规律**　病菌以菌丝体、菌索、菌核在病根上或土壤中越冬。翌年条件适宜时菌索和菌核产生菌丝体，菌丝体集结形成的菌索在土壤中延伸，接触寄主根后即可侵入危害，一般先侵染新根的幼嫩组织，后蔓延到主根。病菌在

图 5-11　牡丹紫纹羽病绒毯状菌丝层

土壤中可借病根与健康根接触传播，从病根上掉落到土壤中的菌丝体、菌核等，也可以由土壤、灌溉水、雨水、农具传播，远距离传播主要是通过带病苗木。

3. 防治方法　加强检疫，防止病害传入无病区。

1）农业防治　加强田园管理，改良土壤，增施充分腐熟的有机肥。

2）药剂防治　①栽植前对染病或怀疑带菌的苗木用 25％多菌灵可湿性粉剂 500 倍液浸泡 30 分。发现病株及时挖除，连同残根一起烧毁。②对珍贵牡丹品种的病株，可在 6～7 月用 70％甲基硫菌灵可湿性粉剂 1 500 倍液灌根治疗，方法是从植株树冠外围垂直往下开宽 20 厘米、深 30 厘米的沟，沟底留 15 厘米虚土，使药液均匀下渗，每株灌药约 10 千克，灌后覆土。③对有病的田块进行土壤处理，用 50％多菌灵可湿性粉剂每亩 5 千克拌土撒匀翻入土中。

（十四）白纹羽病

该病是侵害牡丹根部的主要病害之一。由于发病部位在根部，初期不易发现，且易被误诊为白绢病等。该病一旦发生，很难根除，易造成很大危害。

1. 症状　病害首先发生于须根，然后蔓延至主根，个别可蔓延至根颈部。病部腐烂，皮层易于和木质部剥离，表面有一层白色羽毛状菌丝束。根被挖出羽毛状菌丝束接触空气后变为灰褐色。菌丝可蔓延至地表，在地表形成蛛网状的菌丝层。病根腐烂较长时间后皮层内有时可见黑色的小菌核，后期腐烂根的表皮常呈鞘套状套于木质部之外。染病植株地上部生长衰弱，叶片小而黄。染病2～3年后，植株枯死。

2. **发病规律** 病原菌以菌丝束和菌核随病根在土壤中越冬，环境条件适宜时，菌丝束和菌核长出营养菌丝，接触到寄主的根时，从根表面的皮孔侵入，菌丝可延伸到根部组织深处，并在根表面蔓延扩展。子囊孢子和分生孢子因较少产生，在病害发展中作用不大。病根与健康根接触可传病，远距离传播主要靠带菌苗木调运。在中部地区，病原菌一般从3月下旬开始生长蔓延，6～8月为发病盛期，11月停止生长蔓延。低洼潮湿或排水不良的地块及高温高湿季节有利于病害的发生和发展。管理粗放、杂草丛生的田块病害发生重。

3. **防治方法**

1）农业防治 苗木调运时严格检验，剔除病苗。栽植前苗木消毒处理。栽植后加强田间管理，防止田间积水，清除杂草，适当增施钾肥，提高牡丹抗病力。

2）药剂防治 牡丹生长季节用50％多菌灵可湿性粉剂800～900倍液灌根，以灌透为止。以后每隔10～15天灌1次，每年2～3次。其余措施同紫纹羽病的防治。

（十五）白绢病

牡丹白绢病在各主要牡丹栽植区均有发生，部分栽植地块发病率高达40％以上，造成整株、成片死亡。由于发病部位在根部、根颈处，初期不易发现，往往失去早期防治的机会，给牡丹产业造成很大的危害。

1. **症状** 主要危害牡丹的根部及根颈处，受害的根部及根颈处皮层腐烂，呈暗褐色，表面长有辐射状白色绢丝状菌丝体，或呈棉絮状菌丝层，并形成许多油菜籽大小的菌核，菌丝和菌核也见于根颈附近的地面上。菌核表面初为白色，后呈黄色，最后变为褐色，内部浅色，组织紧密。受害植株地上部生长衰弱，叶片发黄，渐渐凋萎、干枯，严重的植株枯萎死亡。

2. **发病规律** 病菌以菌丝或菌核在病株残体上、杂草上或土壤中越冬存活，菌核通过苗木或水流传播，以菌丝体在土壤中蔓延，侵入牡丹根部或根颈。在河南洛阳、山东菏泽等地，病菌一般于4～5月开始活动危害，夏、秋季高温多湿的环境条件有利于发病。土壤贫瘠、易积水的地方发病严重。

3. 防治方法

1）农业防治 加强田间管理，促进牡丹健壮生长，提高抗病力。结合田间管理，经常检查牡丹根部，如有病害早发现、早治疗。挖除病死株，清出病根及附近带菌土壤。

2）药剂防治 ①秋季挖开牡丹根颈处土壤，晾晒1～2天，并用50％多菌灵可湿性粉剂800～900倍液灌根，以灌透为止。以后每隔10～15天灌1次，每年共灌2～3次。②对珍贵品种的发病植株实施治疗，方法是将根颈病部彻底刮除，再用1％硫酸铜溶液消毒伤口，同时用50％代森锌可湿性粉剂400倍液灌根部周围土壤。③发病初期用药液灌根，可选用的药剂：50％多菌灵可湿性粉剂500～800倍液、50％甲基硫菌灵可湿性粉剂500倍液等。

（十六）幼苗立枯病

该病分布于我国南、北各地，发生于植物苗期。致病菌的寄主范围很广，可危害100多种植物的播种苗，用嫩枝扦插的含笑、大丽花、翠菊、菊花、吊兰、松叶牡丹等的幼苗亦极易感病，能引起立枯病或根腐病。

1. 症状 病菌多次从上表皮侵入幼苗茎的基部，受侵染后，病斑先为褐色，后呈暗褐色。受害严重时，韧皮部被破坏，根部呈黑褐色腐烂。此时，病株叶片发黄，幼苗萎蔫、枯死，但不倒伏。此菌也可侵染幼株近地面的潮湿叶片，引起叶枯，边缘产生水渍状黄褐色至黑褐色大斑，很快波及全叶和叶柄，造成死腐。病部有时可见褐色菌丝体或附着的小菌核。

2. 发病规律 病菌以菌丝体或菌核在残留的病株上或土壤中越冬或长期生存。带菌土壤是主要侵染来源，病株残体、肥料也有可能传病，还可通过流水、农具、人、畜等传播。空气潮湿适于病害的发生，天气干燥时病害不发展。多年连作地发病常较重。

3. 防治方法

1）农业防治 ①严格控制苗床的浇灌水量，注意及时排水；注意通风；夏天对苗圃地遮阴以防土温过高灼伤苗木，造成伤口，使病菌易于侵染。②注意及时处理病株残余，不适用带病菌的腐熟肥料。③发现病株及时拔除烧毁。

2）药剂防治 ①对于污染的苗床，如继续用于育苗，在播种前可用福尔马林进行土壤消毒，每平方米用量为 50 毫升，加水 8～12 千克浇灌，浇灌后隔 1 周以上方可用于播种栽苗，或用 65％代森锌可湿性粉剂等量混合后，处理土壤，每平方米用混合粉剂 8～10 克，撒施后与土拌均匀。②可喷洒 75％百菌清可湿性粉剂 800～1 000 倍液，或 65％代森锌可湿性粉剂 600 倍液喷洒防治。

三、根结线虫病及其防治

牡丹根结线虫病是牡丹生产中危害严重的一种线虫性病害，在中原牡丹产区较为常见。在菏泽的调查显示，该市牡丹栽培区均有发生，感病轻的地块病株率在 20％左右，重病地块病株率可达 30％以上。该病可随苗木调运传播，一旦发生，很难将病原线虫从田间清除。

1. 症状　牡丹植株根部受害后，根部细胞内含物被消解吸收，根细胞分裂、增多，随着虫体发育增大，受害植株根部膨大形成根结（虫瘿）。根结上长出许多小须根，小须根上再形成根结。受害严重时，被害苗木根系瘿瘤累累，根结连成串，后期瘿瘤辍裂、腐烂，根系功能严重受阻。病株地上部分生长衰弱、矮小，新生叶皱缩、变黄，不开花，提前落叶，严重者整株枯死。

2. 发病规律　牡丹根结线虫多在土壤 5～30 厘米深处生存，以雌虫和卵在牡丹植株根部越冬，翌年初次侵染牡丹新生营养根的主要是越冬卵孵化的 2 龄幼虫。春季随着气温、地温的逐渐升高，4 月中下旬越冬卵开始孵化为 2 龄幼虫，该幼虫在土壤中移动到根尖，由根冠上方侵入并定居在生长锥内，其分泌物刺激导管细胞膨胀，使根上形成根结。北方根结线虫 1 年 4 代，重复侵染 4 次。

3. 防治方法

1）农业防治　①严格苗木检疫。②种植抗病品种。③重病区实行轮作，或利用夏季高温以薄膜覆盖法闷杀线虫。

2）药剂防治　为防止病原线虫传播，在定植种苗前，要仔细查看其根系有无病瘤。一旦发现带有线虫瘤的病株，应立即对其进行灭虫消毒。用 1.8％阿维菌素乳油 2 000～3 000 倍液，浸泡植株根系 25～30 分，可杀死根瘤内的线虫。田园内如果发现线虫危害植株，可用 1.8％阿维菌素乳油，每亩 2 千克，拌细土或细沙 20～40 千克，拌匀后撒于田园内，然后立即浇水或随水冲药，5 天后即可见效。25～30 天施药 1 次，连续 2～3 次，即可杀灭大部分成虫、幼虫和虫卵。为彻底杀灭该线虫，可选用棉隆颗粒剂（注意棉隆应用时，必须按说明书使用），在清园后防治，待通过用药安全期后再定植牡丹，即可控制根结线虫病的危害。

四、病毒病与黄化病的防治

（一）牡丹病毒病

调查显示，牡丹主产区表现病毒性病害症状的牡丹植株比较普遍，并有逐步蔓延的趋势，但目前对于这类病害的相关研究非常欠缺。

1. 症状　牡丹病毒病（图 5 - 12）主要表现为以下 2 种类型：①花叶型。叶片先表现为绿色浓淡不均匀的斑驳，进一步发展为黄绿色相间的花叶。病叶小而稍皱缩，有时叶脉略呈半透明状。②环斑型。叶片上呈现深绿色与浅绿色相间的同心环纹圆斑，有时也出现小的坏死斑点。出现这 2 类症状的植株均生长缓慢，矮小，观赏品质下降。感染病毒后的植株一些花药败育，成熟花药中含有大量异常花粉，有些异常花粉的直径仅为正常花粉的 1/2～2/3；有些异常花粉仅有空瘪的外壳；有些异常花粉超额分裂，具有 2 个以上的营养细胞和生殖细胞。

图 5 - 12　牡丹病毒病

2. **发病规律** 对于牡丹病毒病的发生规律尚缺乏研究。根据相关病毒对其他植物危害情况的研究，概述如下：烟草脆裂病毒可通过线虫、种子、无性繁殖材料以及汁液摩擦的方式进行传播。牡丹环斑病毒可以通过蚜虫传播但难以通过汁液摩擦传播。翠菊黄化病毒可以通过农事操作、摩擦接种传播，叶蝉也能够传播。大白菜黑环病毒可以通过农事操作、线虫和蚜虫传播。此外，上述病毒均可通过带病毒的牡丹苗木传播扩散。管理粗放，杂草和害虫危害严重的牡丹园有利于病毒病的传播扩散。

3. **防治方法**

1）**农业防治** ①加强检疫，防止病毒病通过带毒苗木的调运而传播扩散。②建立无病毒母本园，以无病毒植株作繁殖材料。③清除牡丹园及周围的杂草，减少传染源；注意杀灭传播病毒的介体昆虫，从而控制病毒的传播。

2）**药剂防治** 喷洒抗病毒药剂。

（二）牡丹黄化病

牡丹黄化病在牡丹主产区发生很普遍，危害严重。植物上的这类黄化病早期曾被当作病毒病，进一步的研究证明，这类病害的病原属于植原体。

1. **症状** 叶片上出现大片或不均匀的黄化，叶片变小，生长发育受阻，植株矮化，花器畸形、坏死。

2. **发病规律** 对于牡丹黄化病的发生规律尚缺乏研究。在对由植原体引起的其他植物病害研究中发现，植原体专性寄生于植物韧皮部的筛管细胞中，可通过吸食植物韧皮部汁液的昆虫传播，也可以通过菟丝子、人工嫁接、繁殖器官进行传播。目前发现能传播植原体的昆虫包括叶蝉、飞虱、蚜虫、茶翅蝽等（牟海清等，2011；孙志强等，1999；路雪君等，2010），其传播方式与循回型病毒传播相似，介体昆虫在病株上吸食几小时至几天后才能带菌，经过 10～45 天的循回期，植原体由昆虫消化道经血液进入唾液腺后才开始传染，多数介体昆虫可终身带菌，但不经卵传染。

3. **防治方法**

1）**农业防治** 加强田间管理，促进植株健壮生长，增强抗性。清除田间杂草，杀灭害虫，特别要注意杀灭传播植原体的昆虫介体，从而控制植原体的传播。严禁从病株上采集繁殖材料。

2）药剂防治 植原体对四环素类抗生素敏感，所以四环素类抗生素如金霉素、土霉素和脱甲基氯四环素等，常被应用于植原体病害的治疗。使用四环素类抗生素对植物茎干进行注射，能抑制植原体在韧皮部增殖，注射时间最好在 8 月末到 10 月初。定期使用 1‰盐酸溶解四环素粉对易感植株进行浸根或者在根部注射，也可以起到一定的防治效果。

五、非侵染性病害及其防治

（一）牡丹叶尖枯病

牡丹叶尖枯病是由大气中的氟污染引起的一种非侵染性病害，主要发生在有大气氟污染的地区。

1. 症状 牡丹叶尖枯病的典型症状（图 5 - 13）是从叶尖开始枯死，枯死部位逐渐扩大，可达叶片一半以上，严重时全叶片枯焦。叶片上发病部位与健康部位之间界线明显，并呈现出暗褐色条带。有时在叶片枯死部位的背面有黑褐色发亮的胶黏状物出现，这是牡丹叶片的溢出物。

图 5 - 13 牡丹叶尖枯病症状

叶尖先发生枯死，正常组织与受伤害部位界线明显并呈现暗褐色条带是氟污染物引起的植物病害的典型特征。

2. **发病原因**　大气氟污染物是诱发牡丹叶尖枯病的主要原因。一般来说，植物叶片对大气中的氟化物有较强的吸收能力，并且氟化物进入植物叶片后，会随着蒸腾而流向叶片尖端，从而使得叶尖的氟浓度增高并首先出现枯死症状。进一步的调查表明，不同牡丹品种对大气氟污染的抗性有着显著差异。各种抗性差异是由于不同品种间叶片组织对氟化物的耐受性不同，而不是吸氟量多少的差异。

牡丹叶尖枯病随氟化物的吸收与积累而逐渐发生，洛阳等地一般在 9 月后发生。

3. **防治方法**　严格控制含氟废气的排放，这是治本之策。植物本身具有净化空气的作用，空气中极微量的氟可依靠植物来净化。对于洛阳等地氟污染区128 个牡丹品种对大气氟污染抗性的测定表明（林晓民，2004），它们对大量氟污染的抗性差异极大，其中抗性最弱的 6 个品种，如'斗珍''赵紫''山花烂漫''文公红''曹州红''丹皂流金'等不宜在污染区种植，而'瑶池贯月''茄皮紫''朱砂垒''一品朱衣''赛贵妃''御衣黄'等抗性较强的品种则可以在这一带推广。

（二）日灼病

该病属于生理性病害，在南、北牡丹产区均有发生。

1. **症状**　叶尖端开始时失绿，变成灰色，边缘向上翻卷，整叶逐渐焦枯、脱落。严重时整株叶片全部焦枯、脱落，引起"秋发"，对牡丹后期长势影响很大。日灼病与地下病害的区别是，发生日灼的叶片上面开始时无霉层，无病斑，但枯干后湿度大时则会出现霉层，这是受到其他病菌侵染的原因。

2. **发病原因**　在中原地区夏季（6 月上中旬）若 35℃以上的高温持续 7～10 天，土壤偏旱，吸水量小于蒸腾量，受到阳光直射的牡丹叶片就会受害。

沙壤土上的牡丹苗，有根部病害的植株，牡丹嫁接苗，一年生大田定植苗甚至牡丹大苗，均易受日灼伤害。

3. **防治方法**　①牡丹园地间作小乔木，使牡丹得到侧方的遮阴。育苗地可于 5 月下旬至 9 月中旬在苗床上方搭设高 1.5 米的遮阳网，10：00 之后展开，

17：00 之后收起来。②注意天气预报，遇土壤干旱及高温期（中原地区为 5 月中下旬）到来之前及早浇水，以补充叶片蒸腾所需要的水分。在出现日灼症状后再浇水，虽可减轻危害，但不能使已受害叶片恢复正常。③实行土壤改良。土壤贫瘠的地块要增施有机肥料，提高其保水能力。④积极防治根部病害。

（三）牡丹缺素症

牡丹生长发育过程中，需要从土壤和大气中吸收营养元素。如果土壤中有一种或几种元素不足时会引起植物失绿、变色、畸形和组织坏死等缺素症。另一方面，某种元素过多也使植物因为正常营养失去平衡而表现出病态，如氮肥过多，植物叶色浓绿，造成徒长或减产。可见肥料不足、多施或偏施某种肥料都能引起植物发病。

1. 牡丹缺铁黄叶病

1）症状 该病是发生较为普遍的牡丹生理病害。开始时叶片上叶肉变黄，叶脉仍保持绿色。严重时叶片黄化部分坏死，枝条也不充实，不易开花或花小。

2）发病原因 铁元素是叶绿素形成的重要物质之一，当土壤缺少能被植物吸收利用的铁离子时，叶绿素形成受到抑制，出现缺铁黄叶病。尤其是土壤偏碱或盐碱含量高，以及土壤干旱时容易发生。这与碱性土壤中铁元素不易被吸收有关，尤其是刚展开的叶尚为绿色，当新梢进入快速生长期后需铁量大，这时土壤供铁不足，很容易出现缺铁黄叶病，新梢顶端叶片尤其明显，严重时上部嫩叶全部黄化。

3）防治方法

（1）农业防治 ①牡丹栽培地宜有侧方遮阴。②不宜在低洼潮湿地块栽培牡丹。

（2）药剂防治 ①增施有机肥，并在有机肥中掺些硫酸亚铁，可增加铁的活性。对碱性土壤应施用过磷酸钙、磷酸二铵等生理酸性的肥料，改善土壤理化性质，提高土壤中铁的有效性。②轻病株可喷施 0.1%～0.2%硫酸亚铁溶液。近来使用绿色植保素有较好防治效果，该产品有效成分为甲壳类生物活性物质，即含有游离氨基碱性基因的动物纤维，也称几丁质几丁聚糖，是一种药肥合一的生物调节剂。

2. 牡丹缺碳病

缺碳病是作物常见缺素症中的一种，但往往被人们忽略（李瑞波等，2017）。

1）症状　缺碳病的主要症状是根系衰弱，生长势差，植物处于亚健康状态。叶片没有活力，光合效率低下。植株易早衰，对逆境缺乏缓冲能力，受到伤害后缺乏自我修复能力，有缺碳病的植株更易并发其他病害。其中根腐病、炭疽病、溃疡病、霜霉病、白粉病、黄化病、青枯病、"早期落叶"病以及某些微量元素缺乏等与缺碳病密不可分。

2）发病原因　缺碳病是由于土壤贫瘠，耕地中缺碳，从而导致作物缺碳。作物的碳养分不仅来自空气中的二氧化碳（光合转化），也来自根系从土壤中吸收的小分子水溶性碳。因而叶片通道和根系通道就成为植物碳养分来源的两个重要通道，虽然从空气中吸收二氧化碳非常重要，但从土壤中吸收的碳也不可缺少。因为土壤中小分子可溶性碳是决定土壤肥力的核心物质。它能被植物根系和土壤微生物吸收利用，从而促进根系发育和土壤微生物快速繁殖，进而增进土壤活力，有机质得到分解并产生更多的水溶有机碳，使土壤中无机养分得到有机养分的结合与组配而发挥更高肥效。研究表明，作物光合作用最佳浓度为 0.1%，而空气中二氧化碳平均浓度约为 0.033%。从理论上讲，作物普遍缺碳。如果长时间低温寡照，或者枝叶繁密通风不良，植株就会更加缺碳。此时加上土壤缺碳，根系衰弱，缺碳状态更加严重，从而导致缺碳病发生。

3）防治方法

（1）提高土壤肥力，增加土壤有机质含量　①大型牡丹种植园应设立适当规模养殖场，利用规范的 BFA 半厌氧发酵技术作堆肥，自制价格便宜肥效高且安全的农家肥，并结合化肥和微生物菌肥施用。②使用含碳微生物菌剂作秸秆腐熟剂，种植绿肥翻耕还田。

（2）重视有机碳肥常态化施用　在土地贫瘠地区，作物严重缺碳时，在牡丹果实快速膨大需要养分时，应注意施用有机碳肥。此外叶面喷施富含有机碳养分的肥液，枝叶密集的种植园适当疏枝也是辅助补碳的措施。

第二节　油用牡丹虫害及其防治

(一) 贪夜蛾

贪夜蛾属鳞翅目夜蛾科,别名甜菜夜蛾,该虫北起黑龙江,南抵广东、广西及云南,西达陕西、四川皆有分布。

该虫的成虫、幼虫是杂食性害虫,虽然取食菜叶、树叶、杂草等170多种植物,不危害牡丹的叶片,但对牡丹植株夏、秋季发育的鳞芽内的嫩茎、嫩叶及花器等危害较大。

1. 危害症状　该虫危害鳞芽时,先咬破鳞芽的鳞片,打孔洞钻入其内吃食里面的嫩茎及花器,吃光一个鳞芽后,再钻入另一个鳞芽内取食。一头成虫或幼虫,能危害多个鳞芽。虫口密度大时,可把多个植株上饱满的鳞芽吃空,仅留下直径1.5毫米左右的蛀洞。

2. 发生规律　该虫在中原一带,以蛹在土壤中越冬。1年内可发生4～5代。在长江以北,该虫以蛹和老熟幼虫在土壤裂缝中越冬,1年中可发生6～7代。如果遇到暖冬,春、夏、秋三季少雨,高温、空气干燥,发生更严重。该虫危害鳞芽主要在6～10月植株生育期,以8月下旬至9月下旬发生最严重。成虫、幼虫怕光,昼伏夜出,白天隐藏于草丛中、土壤裂缝中,或植株稠密的遮光处。夜晚及凌晨是其取食的主要时间,因此叫贪夜蛾。

3. 防治方法

1) 农业防治　秋末冬初浅翻园地土壤,使越冬时冻死部分越冬蛹。3～4月,锄地灭草,可消灭杂草上的初龄幼虫。

2) 药剂防治　6月以后,如果发现鳞芽有被该虫啃咬钻入的孔洞,应立即喷药防治。可用50％辛硫磷乳油1 000倍液和90％敌百虫原药1 000倍液混合,或20％杀灭菊酯乳油2 000倍液,或5％氟啶脲乳油3 500倍液杀虫剂喷洒。7～10天1次,连续喷洒2～3次,即可收到良好的防治效果。另外,因该虫白天在地表层草丛与土壤裂缝中潜伏,可用77.5％敌敌畏乳油600～800倍液喷洒植株、地表土壤和草丛,7～10天1次,连喷2～3次即可。

3) 生物防治　用每克含孢子100亿以上的杀螟杆菌,或青虫菌粉500～700倍液喷雾,10～15天1次,连喷2～3次。

（二）金龟甲类

金龟甲幼虫称蛴螬（图5－14），体近圆筒形，常弯曲成C形，乳白色，密被棕褐色细毛，头橙黄色或黄褐色，有胸足3对，无腹足。尾部腹面刚毛的排列是区别其成虫的重要标志。

幼虫（蛴螬）

成虫（金龟甲）

图5－14　金龟甲幼虫（蛴螬）、成虫

1. **危害特点**　金龟甲成虫（图5－14）危害牡丹芽、叶及花，幼虫取食牡丹根，造成大量伤口，又为镰刀菌的侵染创造了条件，从而导致根腐病的发生。

2. **发生规律**　华北大黑鳃金龟在洛阳1～2年发生1代，幼虫、成虫均在土中越冬。成虫每年4月中旬以后开始活动，5月中旬至6月中旬为其活动高峰。成虫以20：00～23：00活动最盛，如果牡丹园有杂草，则多取食杂草；无杂草时则取食牡丹叶片。

春季当10厘米深土层地温上升至10℃时，幼虫（蛴螬）上移并集中到20厘米深以上的根部取食。由于牡丹根系发达，幼虫很少转移危害，只有当植株受害死亡或即将死亡时，才转移到邻株危害。由于幼虫危害造成根部大量伤口，土壤中的镰刀菌大量侵入，导致牡丹根腐病严重发生。被害植株生长势衰弱，叶片发黄，严重时全株死亡。当冬季10厘米地温下降至10℃以下时，幼虫向土壤深处移动，并在30～40厘米深处越冬。调查显示，在未防治的牡丹圃，一年生单株有蛴螬1～2头，二年生有4～6头，三年生有10～15头，四年生有10～30头。

此虫在北京的发生规律为：4月下旬开始出现成虫，6～7月为盛发期，7月中旬至8月上旬为1龄幼虫盛发期。8～9月幼虫危害最为严重。

金龟甲活动有以下特点：一是其成虫产卵和幼虫咬食活动对土温反应敏感，

土壤 25℃ 左右，土壤含水量为 8%～15% 适宜于卵孵化；表土大于 10 厘米，土温 23℃ 左右，土壤含水量为 15%～20% 适宜幼虫活动。二是凤丹牡丹株龄与虫口密度相关。调查显示，育苗地虫口密度高于成龄地块，栽植后一二年株龄地块虫口密度高于三四年株龄地块。三是土壤质地不同虫口密度也有不同，黏土地高于沙土地。

3. 防治方法

1）成虫防治

（1）农业防治　①金龟甲成虫一般均具有假死性，可用人工振落捕杀。此外，夜行性金龟甲成虫大多有趋光性，可设置黑光灯诱杀。②在牡丹地块栽植蓖麻。蓖麻可毒死金龟甲，但金龟甲对蓖麻并无忌避性。蓖麻要适当早播，即当金龟甲成虫在初发期至盛发期时，蓖麻应能长出三四片叶子为宜。这样既可预防金龟甲在牡丹地产卵，还可毒杀其成虫。③金龟甲喜榆叶，可在牡丹地四周栽些榆树，诱集金龟甲进行人工捕杀。

（2）药剂防治　5 月中旬至 6 月中旬，成虫发生盛期可喷洒 50% 马拉硫磷乳油 1 000～1 500 倍液毒杀；成虫羽化盛期在苗木下地面喷洒 50% 辛硫磷乳油 500～800 倍液，洒水后喷洒最好；成虫取食危害时，喷 50% 辛硫磷乳油 1 000 倍液。

2）幼虫防治　金龟甲幼虫，是严重危害牡丹的重要的地下害虫之一，需认真防治。

（1）农业防治　使用腐熟有机肥，或用能杀死蛴螬的农药与堆肥混合施用。

（2）药剂防治　①苗木移栽前用 5% 辛硫磷颗粒剂每亩 2.0～2.5 千克处理土壤。②用白僵菌粉，每亩 3～5 千克，混合适量的饼肥和细土，随种苗施入土中，有较好的防效。③植株受到危害时，可打洞浇灌 50% 辛硫磷乳油 1 000～1 500 倍液。

（三）刺蛾类

1. 常见刺蛾种类及危害

1）黄刺蛾（图 5-15）　该虫分布全国各地，食性很杂。危害牡丹、梅花等花木。初孵幼虫先取食叶的下表皮和叶肉。4 龄时取食叶片使成孔洞，5 龄以后可吃光整叶。

图 5 - 15　黄刺蛾

1. 枝上的茧　2. 幼虫　3. 蛹　4. 成虫

该虫在辽宁、陕西、河北北部 1 年 1 代，北京、河北中部 1 年 2 代，以老熟幼虫在树干缝隙或枝梗上结茧越冬。成虫分别于 5 月下旬和 8 月上中旬出现，有趋光性。卵在叶片近末端背面，散生或数粒在一起，经 5～6 天孵化，7 月幼虫老熟时先吐丝缠绕枝干，后吐丝和分泌黏液结茧，1 代幼虫于 8 月下旬以后大量出现，秋后在树上结茧越冬。

2）扁刺蛾　分布于东北、华北、华东、中南及四川、陕西等地，危害牡丹、芍药等多种花卉。该虫在河北、陕西等地 1 年 1 代，长江中下游地区 1 年 2 代至 3 代。以老熟幼虫在树下土中结茧越冬。翌年 5 月中旬羽化为第一代成虫，7 月中至 8 月底出现第二代成虫。以 6 月、8 月危害最为严重。

3）桑褐刺蛾（图 5 - 16）　该虫主要分布于长江以南各省。危害牡丹、芍药及多种树木。长江下游地区 1 年发生 3 代。第一代 5 月下旬出现。第二代 7 月下旬，第三代 9 月上旬。10 月下旬起老熟幼虫在土中结茧越冬。

图 5 - 16 桑褐刺蛾

2. 防治方法 敲除树干上的越冬虫茧，利用成虫趋光性设置黑光灯诱捕成蛾；初孵幼虫有群集性，可摘除虫叶消灭；保护广肩小蜂、上海青蜂等天敌。严重时可进行药物防治。

(四) 天牛类

牡丹的蛀干害虫有中华锯花天牛及桑天牛等，在菏泽等地以中华锯花天牛（图 5 - 17）较为常见。

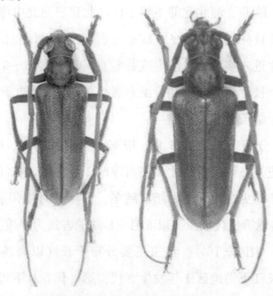

图 5 - 17 中华锯花天牛成虫

106

1. 发生规律 该虫在山东菏泽 3 年完成 1 个世代,以不同龄期的幼虫在牡丹根颈处越冬。世代重叠明显。老熟幼虫于 3 月下旬从被害根部隧道中爬出进入土中,4 月中旬进入预蛹期,历时 10～15 天。化蛹盛期在 4 月下旬至 5 月上旬,蛹期 15～20 天。5 月中旬为羽化盛期。成虫羽化后在蛹室内静伏约 10 天。5 月下旬为出土盛期。5 月中下旬开始产卵,5 月底至 6 月上旬为产卵盛期,同期亦为卵孵化盛期。卵期约 10 天。该虫系土栖性,生育期大部分时间居于土中,仅成虫羽化后期出土交配产卵。成虫出土后当夜可进行交配,交配后当夜或翌日开始产卵,卵散产于牡丹植株附近土中 3 厘米深处。每雌可产卵 62～246 粒。雌虫产卵后死亡。雌、雄成虫均夜间活动,趋光性不强,飞翔力弱,白天多静伏于牡丹植株下部隐蔽处或土块下。初孵幼虫咬食嫩根表皮,后从近地面断杈伤口腐烂处蛀入牡丹根部,随后逐渐向下部蛀食。大龄幼虫多在根颈部位。

2. 防治方法 在该虫化蛹期中耕松土有破坏蛹室、压低虫口密度的作用。其天敌有小黄蚂蚁,化蛹前后寄生率为 5%,对其发生有抑制作用。

(五) 蚧类

1. 主要种类及危害

1) 吹绵蚧(图 5-18) 吹绵蚧属蛛蚧科,是危害牡丹较严重的害虫之一。其寄主很广,除牡丹外,在洛阳等地也危害芍药。

图 5-18 吹绵蚧成虫

吹绵蚧发生代数因地区而异。1年由2代到4代或5代,且世代重叠,洛阳等地1年2代,上海1年2～3代。以雌成虫越冬,4月下旬开始活动危害,4月底至5月初若虫可遍及全株。初孵虫在卵囊内经过一段时间后才分散活动,多定居于叶背主脉两侧,2龄后逐渐转移到枝干阴面群集聚食危害。3龄时口器退化不再危害。雌成虫固定取食后不再移动,后形成卵囊并产卵其中。每只雌虫可产卵数百粒至2 000粒,产卵期1个月。吹绵蚧正常生活温度为23～24℃。

2) 其他 除吹绵蚧外,危害牡丹、芍药的还有多种蚧:①柑橘臀纹粉蚧,属粉蚧科。北方发生于温室,南方发生于露地,危害柑橘等果树及牡丹等花木。1年可发生3～4代。②日本蜡蚧。分布于全国各地,食性杂,危害牡丹、芍药等花木,1年1代。③角蜡蚧。危害芍药等花木。洛阳等地普遍危害茎枝。1年1代,雌若虫一般寄生在枝梢上,雄幼虫栖息在叶面上。天敌有黑色软蚧蚜小蜂、黄金蚜小蜂等。④长白盾蚧。危害牡丹、芍药等多种花木,亦为北方苹果、梨、柿及南方柑橘的重要害虫。浙江等地1年3代。天敌有红点唇瓢虫等。⑤桑白盾蚧。分布广泛,危害芍药等多种花木。1年2～5代,因地而异。⑥牡丹网盾蚧,亦称茶蚌圆盾蚧、芍药圆蚧。危害牡丹、芍药等。

2. 防治方法

1) 农业防治 加强检疫,严禁调运带虫苗木;引进苗木应注意检查。

2) 人工防治 发现个别枝叶有蚧时,可用软刷轻轻刷除,或剪去虫枝集中烧毁。要求刷净、剪净,切勿乱扔。

3) 药剂防治 应注意抓住卵盛孵期喷药。刚孵化的虫体表面未被蜡(介壳尚未形成),用药剂极易杀死。一般每7～10天1次,连续2～3次。喷施45%马拉硫磷乳油800～1 000倍液,40%辛硫磷乳油1 000～2 000倍液。喷药要均匀。

(六) 螨类

1. 主要种类及危害 牡丹上见有山楂叶螨等危害,主要以成螨和若螨群集在叶脉两侧吮吸汁液危害,使被害叶片呈现失绿斑点。该虫1年发生6～9代。以雌成螨在树干上、主枝、侧枝的粗皮缝隙、枝条及树干基部附近土隙中越冬。雄虫入冬前已死亡。翌年3～4月,越冬代雌成螨危害芽。夏季高温、干旱有利该虫发生，7～8月为全年繁殖最盛时期。严重时，受害叶枯黄，甚至早期脱落。若螨性活泼，成螨不活泼，群栖于叶背吐丝结网。卵多产于叶背主脉两侧。卵期春季约10天，夏季约5天。一般9月出现越冬虫态，11月下旬全部越冬。

2. 防治方法

1）农业防治　彻底清除杂草和枯枝落叶。被害植株应于秋季越冬前在树干上束草，诱集越冬雌螨，翌春收集烧毁。

2）人工防治　人工刮除被害植株上的粗皮、翘皮，并予烧毁。

3）药剂防治　成螨、若螨盛发期，用43％联苯肼酯悬浮液3000倍液喷洒。冬季喷3波美度石硫合剂。严重时10～15天喷1次，连续2～3次。

（七）蜗牛

1. 种类　危害牡丹的蜗牛（图5-19）主要有灰巴蜗牛、条花蜗牛等。灰巴蜗牛的贝壳中等大小，壳质稍厚，坚固，呈圆球形。壳高19毫米，宽21毫米，有5.5～6个螺层，顶部几个螺层增大缓慢、略膨胀，体螺层急骤增大、膨大。壳面黄褐色或琥珀色，并具有细致而稠密的生长线和螺纹。壳顶尖，缝合线深，

图5-19　蜗牛

壳口呈椭圆形，口缘完整，略外折，锋利，易碎，轴缘在脐孔处外折，略遮盖脐孔，脐孔狭小。个体大小、颜色差异较大，卵圆球形，白色。

2. **危害特点**　蜗牛在阴雨天空气湿度大时大量繁殖，取食牡丹芽和嫩叶。被害植株叶片上有蜗牛吃过的缺痕和排泄的黑绿色虫粪，外包一层白色黏液性物质。蜗牛足腺体能分泌黏液，在蜗牛爬过的茎、叶上都留有一条银灰色痕迹。

3. **发生规律**　蜗牛以成贝和幼贝在土层和落叶层中越冬，翌年 3～4 月开始危害，白天藏于牡丹基部杂草、落叶或土层中栖息，夜晚出来危害。若是阴雨天，白天也能危害。蜗牛于 4 月下旬交配，5 月在寄主根部疏松土壤中产卵，10多粒卵黏合成块状，每头雌贝产卵近百粒，卵期 10 余天。幼贝孵出后，多居于土中或落叶下，不久即分散危害。7～8 月是幼贝危害盛期。连续阴雨天、土壤湿度大，危害严重；天旱时，蜗牛用白膜封闭螺壳口，潜伏于土层中。11 月开始越冬。

4. **防治方法**

1）**人工防治**　清晨或阴雨天人工捕捉，集中杀灭。

2）**药剂防治**　危害期间喷洒 40％辛硫磷乳油 1 000 倍液，连续喷 3～4 次；傍晚，在蜗牛活动的地方撒敌百虫粉剂，杀灭成贝和幼贝。

第三节　牡丹园常见杂草及其治理

一、常见杂草及其危害

油用牡丹育苗地和大田栽培地常见杂草，如以花期粗略划分，则大体可分为以下几类：①春季开花的，多为越冬性杂草，开花较早（3 月）。常见杂草有荠菜、繁缕、婆婆纳、紫花地丁。②夏季开花的，种类多而危害较大，且多顽固性杂草。常见杂草有莎草、狗尾草、萹蓄、藜、马齿苋、刺儿菜、泥胡菜、苣荬菜、白茅、春茅、菟丝子、牵牛花。③秋季开花的种类，多为繁殖快的杂草，危害大的有马唐、雀稗、狗牙根、蓼类、蒿类、菝葜。

牡丹园圃如果管理不善，杂草丛生，不仅直接与牡丹争夺水分、养分，导致牡丹苗木或植株长势衰弱，产量下降，而且导致病虫害严重发生，甚至造成植株成片死亡的严重后果。

二、杂草的治理

(一) 采用栽培措施防除杂草

牡丹园地杂草的发生与土壤中存在杂草的种子、根茎、块茎等繁殖器官以及栽培地点具备杂草生长的空间等有着密切的关系。可以采用以下栽培措施来加以防除。

●深耕：对需种植油用牡丹的地块深翻，深度 40～50 厘米，将地表的杂草翻压下去，多年生杂草残留的根系，以及蕨根、小竹鞭等需要手工捡除。

●梯地中间斜坡上生长的杂草、灌丛要及时刈割，不让其结籽。

●施用充分腐熟的堆肥、厩肥。

●行间铺草，或覆盖地膜。覆盖地膜虽然一次性投入成本较高，但相对于人工除草所需费用投入较少，并且地膜寿命较长，可以使用 3～5 年。至于具体采用黑膜还是双面膜（银灰面朝上、黑色面朝下），可根据具体情况决定。

(二) 人工耕锄或小型动力机械除草

小面积栽植时，按照锄早、锄小的原则人工耕锄除草。

对大面积栽植的油用牡丹在栽植密度的设计上应考虑小型动力机械的使用，以提高功效，降低管理成本。

(三) 使用药剂除草

在油用牡丹栽培中，化学除草剂的使用已日渐普遍，不过在除草剂种类选择上要谨慎。除草剂种类一是根据防除对象来选择，二是根据使用方式来选择。

●防除杂草。例如育苗地，在播种后幼苗出土前实施土壤封闭，防除杂草。此时在土壤表面喷洒乙草胺等除草剂，或用除草剂混土处理，形成除草剂封闭层。

●喷洒茎叶处理剂，即将除草剂直接喷洒到杂草茎叶部位，使其吸收并在体内传导，最后导致杂草枯死。

●根据杂草发生的时期选择用药，特别是在杂草萌芽高峰期使用除草剂，非常有效。

(四) 杂草的综合防治

对于牡丹杂草，一定要在充分掌握其主要种类及发生规律的基础上，采用综合防治措施，即农业措施、生物防治、药剂除草与人工机械除草相结合，才能取得应有的成效。这里要注意以下几点：

一是合理密植。使牡丹栽植后一两年内基本封垄，不给杂草留下生长空间。

二是重视牡丹园行间覆盖。覆盖物可以多样化，除塑料薄膜外，农作物收获后的残体，如麦秸、稻草、豆秆、杂草等，均可作覆盖物，覆盖物腐烂后，也可用作肥料。

三是适当使用药剂除草技术。只要使用得当，药剂除草可以取得很好的效果，但要注意使用次数不宜过多。药剂除草会对生态环境造成污染，而喷药又受天气的影响，长期使用时，杂草也可能产生抗药性等。

四是采用生物防治。应用对牡丹不构成危害的昆虫、杂食性动物，或者真菌、细菌等生物，将杂草控制在一定密度而不对牡丹造成危害的范围之内（如实行林下养殖等）。